劳动收入、不确定性与家庭资产配置

徐巧玲　著

图书在版编目（CIP）数据

劳动收入、不确定性与家庭资产配置 / 徐巧玲著 .
-- 北京：中国商务出版社，2019. 9
ISBN 978 - 7 - 5103 - 2991 - 3

Ⅰ. ①劳… Ⅱ. ①徐… Ⅲ. ①家庭—金融资产—配置
—研究—中国 Ⅳ. ①TS976. 15

中国版本图书馆 CIP 数据核字（2019）第 147484 号

劳动收入、不确定性与家庭资产配置

LAODONG SHOURU、BUQUEDINGXING YU JIATING ZICHAN PEIZHI

徐巧玲　著

出　　版：中国商务出版社
地　　址：北京市东城区安定门外大街东后巷 28 号　　邮　　编：100710
责任部门：职业教育事业部（010 - 64218072　295402859@ qq. com ）
责任编辑：魏　红
总 发 行：中国商务出版社发行部（010 - 64208388　64515150 ）
网　　址：http：//www. cctpress. com
邮　　箱：cctp@ cctpress. com
印　　刷：三河市华东印刷有限公司
开　　本：710 毫米 ×1000 毫米　1/16
印　　张：10. 5　　字　　数：122 千字
版　　次：2019 年 9 月第 1 版　　印　　次：2019 年 9 月第 1 次印刷
书　　号：ISBN 978 - 7 - 5103 - 2991 - 3
定　　价：38. 00 元

前 言

资产配置是现代金融理论与实践中的关键问题，尤其在不确定条件下的投资决策不仅是资产分配决策，也是风险管理过程。家庭资产配置最早可以追溯到 Markowitz（1952）[1] 的古典分配模型，根据均值方差分析，风险厌恶程度高的投资者应该更倾向于持有多元化投资组合。但是 Campbell(2006)[2] 指出现实中家庭资产配置并未遵循古典模型，许多家庭并未持有风险资产，而在持有风险资产的家庭中，大部分家庭均持有一种或极少数金融资产，并未实现资产组合多样化。资产选择古典模型无法解释理论和现实的差异，因此激励了一大批改进古典模型的研究，包括放松限制条件如假设不存在交易成本、具有信贷可得性以及其他影响家庭资产配置的“背景风险”因素。在我国，李凤等（2016）[3] 根据 CHFS 数据，发现家庭资产在 2013—2015 年间出现明显增长趋势，户均总资产规模从 66.3 万元上升至 92.9 万元，但是分布严重不均，城乡间区域间分布严重失衡，金融资产尤其是投资性风险资产虽然出现大幅增长，但在结构上具有明显“重房产、轻金融”的特征，房产占比超过 60%，而金融资产占比仅有 12% 左右。相较于其他资产的增长趋势，家庭工商业资产明显下降。与我国家庭资产变动趋势同步的是劳动力市场波动，2013—2015 年，城镇登记失业人口由 926 万人持续增长至 966 万人，城镇单位就业人员平均实际工资指数由 107.3 微涨至 108.5，并且上涨主要体现在国有部门，而城镇集体就业单位和其他单位分别由 112.2 和 108.2 跌至 107.4 和 106.2。收入不确定如何影响家庭资产配置？收入不确定对家庭资产配置的影响是否随户主性别而不同？本书主要利用中国家庭追踪调查数据对这些问题进行了验证。

随着人均收入的提高及金融服务的普及，家庭在资产配置中的选择日益增多。优化的资产结构不仅促进家庭财富积累，更在宏观意义上有利于缩小收入差距，发挥资产的消费平滑功能以实现跨期最优消费。而根据西南财经大学公布的 CHFS 数据显示，2013 年度中国家庭金融资产占比为 12.8%，房产占比却高达 62.3%，2015 年度金融资产占比 12.4%，房产占比持续增长至 65.3%（路晓蒙等，2017）[4]。随着国家房地产调控力度的增加，投资房产既受到政策风险影响又受制于市场风险影响，未来超出正常使用功能的住房投资势必受到抑制。我国家庭的金融资产主要以储蓄为主，2013 年度活期和定期储蓄占比 44.3%，2015 年度基本维持在 43.4%，风险资本如股票市场存在有限参与。基于预防性储蓄及竞争性储蓄动机，中国储蓄率居高不下，挤出消费，不利于拉动经济增长，而房产投资空间增长潜力受限。在这种背景下，如何合理配置金融资产、如何分配家庭储蓄和风险金融资产不仅关系到家庭收入增长，更关系到宏观经济的有效运营。事实上基于金融决策框架的家庭资产配置理论是近年来方兴未艾的金融研究领域，其研究可以追溯到均值方差分析框架和最优消费和投资组合研究。Campbell 和 Viceira（2002）[5] 使用资产配置一词来替代投资组合选择，从更广泛的意义上研究一个理性的家庭投资者根据自身的禀赋条件如何对自身财富进行配置，即如何进行最优消费和投资，投资时如何配置无风险资产和风险资产，实现效用最大化。由于劳动收入及其固有风险在投资组合选择中发挥重要作用，故本书将研究劳动收入及收入不确定如何影响家庭储蓄—消费决策和家庭资产配置。

本书基于中国家庭金融调查数据，借助于 logit、tobit 及 oprobit 回归模型，深入研究了劳动收入及不确定风险在家庭资产选择中的作用，本书的贡献主要体现在如下三个方面：第一，首次将劳动收入与收入不确定风险同时纳入回归模型，避免混淆收入及不确定风险在家庭资产选择中的作用；第二，首次将储蓄及风险资产投资同时纳入投资组合，将家庭资产组合分为仅储蓄、仅风险投资及二者均持有三种组合情况，避免以往文献将储蓄和风险投资割裂开来从而不能真正体现家庭投资组合状况的弊端；第三，将暂时性收入波动作为收入不确定风险的度量，这在现有为数不多的研究收入不确定和家庭资产组合的书中是第一次。

作 者

2019.2

目　录

第一篇

收入不确定

第一章　引言

美国2008年开始的经济衰退持续至今，依然呈现为盘桓不去且复苏无常的迹象。即便是就业机会、消费者信心以及制造业产出等有所改善，但还是有些不温不火，更不足以让人振奋。而增加税收和削减预算的“减赤计划”、美联储的利率波动、政府的财政赤字、经济增长缓慢、失业率高以及不断加大的收入差距，都使得美国未来经济不确定性增加。如今给人负债累累印象的欧洲各国的情形甚至比美国还要复杂，长期赤字、成员国脱欧均使得其治理和协调变得充满变数。

而在我国，随着1991—1998年国有企业改革及现代企业制度的建立，中国城镇居民的就业环境发生了巨大变化。在建立新的企业制度后，国有企业通过实行岗位工资扩大了职工间的收入差距。由于在国有企业制度改革之前，职工技能培训的时间较少，许多职工仅拥有较低的技术水平。在现代企业制度下，这些低技术或者无技术职工面临更高的转换工作风险，他们的收入水平也因此具有一定的不确定性。而在20世纪90年代中后期，中国国有企业改革的侧重点是退出竞争性行业和减少企业冗员，而国有企业退出竞争性行业的目的是促进产权多样化。在企业产权转变过程中，一部分工作技能较低、受教育程度较低的职工不得不转换工作岗位，甚至下岗。据统计，1998—2005 年中国共有 2175 万名下岗职工。与此同时，中国行政机构改革也将减少冗员作为改革的目标之一，这意味着该时期城镇居民面临着较高的收入不确定性（周京奎，2011）[6]。近年来，为应对世界金融危机的爆发，我国出台了包括财政政策、货币政策及产业政策等系列刺激宏观经济的对策。这些政策的出台在应对世界金融危机，防止宏观经济深度衰退的同时，也给微观企业带来较大的不确定性冲击。根据 2013 年中欧国际工商学院对中外企业的 1214 位高管进行问卷调查发现，约 46% 的本土企业高管将“宏观经济政策调整”作为其主要顾虑，而这一项在外企的比例也达到 37%。面对经济政策的频繁调整产生的政策不确定性，微观企业必须不断调整其经营战略及经营行为。而企业的战略调整势必影响家庭和个人的收入确定性问题，因此转型时期的社会，人们的经济活动常常伴随着很强的不确定性，不确定性对经济活动的很多方面都起了很大的影响。随着中国经济改革的不断深入，转型时期居民对未来的预期不确定性开始显现。居民预期的改变又影响着居民的消费和投资行为，使其行为具有典型的制度转型的不确定性特征。在社会保障制度还不完善的前提下，制度不确定使得居民家庭的工资性收入也面临着很大的不确定性，从而给家庭消费、投资等行为带来了一系列的影响（张锦华，2014）[7]。

第二章　收入不确定的定义和度量

1. 收入不确定的定义

高度不确定性是当今投资环境的突出特点之一，它阻碍了人们对未来的乐观预期，削弱了投资者认为未来是可知、可控的信心，从而对金融市场造成巨大影响。金融市场中存在的这种影响投资组合决策行为但不直接影响投资组合资产收益的风险，称之为“背景风险”，包括不确定的劳动收入、健康状况、房屋等固定资产终值的不确定性以及未来税收负债的不确定性等（徐巧玲，2019）[8]，其中，收入不确定风险作为一种最重要的背景风险被广泛研究。

2. 收入不确定的度量

不确定性一直是经济研究过程中需要考虑和分析的重要因素，经常被作为重要因素或变量纳入分析框架，以研究其对某一个或多个经济变量的影响。其中，收入不确定性一直是研究居民收入和居民消费、投资组合及生育决策等相关问题过程中不可或缺的重要变量，因此如何对收入不确定性进行科学、精确的测量成为分析和解决现实问题的关键环节。

迄今为止，学术界对于收入不确定性的测算方法并未形成共识。不同学者采用不同的方法对居民收入不确定性进行测量，较常见的方法包括：采用职业特征、失业率、基尼系数等代理变量；采用收入等变量的某种方差指标；采用趋势值相对于实际值的波动程度作为衡量指标；采用问卷调查等方法。具体来说，在国外文献中，弗里德曼 (Friedman，1957)[9] 曾将户主的职业作为其所面临的不确定性大小的代理变量，基于这一思路 Haurin and Gill (1987) [10] 将军属收入与参军丈夫收入进行对比，他们假定配偶的收入比参军的丈夫更加不确定，如果家庭不确定收入来源比例越高，则家庭面临收入风险越大。Vignoli(2012)[11] 将固定期限合同作为收入不确定的代理变量，研究了收入风险对当代欧洲生育意图的影响。杭斌、郭香俊 (2009) 选择各省城镇住户抽样调查数据中的“平均每一就业者负担人数”作为不确定性的替代变量，该指标是平均每户家庭人口与平均每户就业人口之比 [12]。周京奎（2012）将失业不确定性作为收入不确定的代理变量，研究结果表明，收入不确定对居民基本住宅消费有显著的负向影响 [13]。这一方法的理论基础在于其认为职业、失业等因素是导致居民收入不确定性的主要因素，因此，这些指标可以在一定程度上替代收入不确定性，作为其代理变量。基于这一解释，这种对收入不确定性的测算方法一直被国外学者所广泛采用，只是使用过程中，不同学者根据自己的研究内容对相关代理变量进行一定的调整和处理。然而，这一测算方法有其明显的不足之处：这些代理指标都过于间接、过于单一，尤其因为失业是收入波动的极端情形，并不能代表一般情况下的收入波动，因此其量化结果容易产生较大程度的偏差。伴随对研究精度的要求越来越高，学者们对收入不确定性的测算方法也进行了改进。其中较为典型的测算方法是使用收入、消费或地区等分组数据的标准差指标来作为不确定性的代理变量。例如 Blundell& Preston (1998)[14] 将收入和消费的方差、协方差分别作为度量收入的持久波动和暂时波动的变量。王永中 (2009)[15] 用全国各省城镇居民实际可支配收入标准差衡量收入不确定性，收入标准差越大，收入不确定性越高。孙凤、王玉华 (2001) [16] 用 1991—1998 年 35 个大城市居民货币收入剔除季节性影响的月度数据的标准差作为衡量中国城镇居民未来收入不确定性的指标。由于标准差代表的是实际值对期望值的偏离程度，因此一些学者基于标准差或方差的原理采取一些变换形式作为不确定性的量化指标，但其核心思想和核心方法未发生改变。例如杨明基等 (2008)[17] 使用人均年劳动收入增长率偏离平均增长率的平方作为反映劳动收入不确定性的指标。刘兆博、马树才 (2007)[18] 使用农户持久收入与实际纯收入平均值的对数值之差的绝对值来测量不确定性。使用某种标准差变量作为不确定性的代理变量具有一定的科学性，因为标准差这一指标反映了不同群体间的差异程度，而这种差异程度是导致人们预期不确定性的重要因素，所以这一指标比职业等代理变量更能代表不确定性。然而，标准差变量通常也只能反映某一方面的不确定性的特征，所以学者们在使用这一代理变量时通常还需要采取其他的辅助变量，例如 Hondroyiannis(2010)[19] 采用经济波动和失业率指标来度量 27 个欧洲国家的经济不确定性，并将广义自回归条件异方差（GARCH）模型用于捕捉波动率。

此外，收入差距被认为可以代表未来可能的收入波动，郭志仪、毛慧晓（2009）[20] 采用 1990—2006 年的收入差距指标衡量收入不确定性，实证发现，城镇消费对收入具有过度敏感性，收入不确定负向影响城镇居民消费。王芳（2006）[21] 通过条件异方差来刻画收入不确定性，实证表明农村居民现金消费支出的主要影响因素并非收入，而是利率和不确定性因素，且 1996 年后不确定因素对消费的影响占主导。以上计算收入不确定的方法更适用于纵向数据，而对于截面数据，则更倾向于采用问卷调查法。即通过问卷调查来测算被调查者对未来预期不确定性的感知程度，从而衡量不确定性的大小。

Guiso(1992)[22] 通过调查户主对其未来收入的不确定性的主观感知来测算被调查者所面临的不确定性大小。Hanappi et al. (2017)[23] 将主观感知的不确定引入收入不确定的范畴，通过问卷“你的工作非常安全，有点不安全，还是非常不安全？”及“你认为自己未来 12 个月内失业的风险有多大？”来度量主观收入不确定。朱信凯 (2005) [24] 采用问卷调查的方法对农户未来生活的信心程度进行测量，从而反映出农户面临的包括收入预期等在内的大量的不确定性。李斌等（2011）[25] 通过询问农户在遭遇风险时的主观体验来衡量农户的日常收入波动，即根据被调查者(户主)根据自己在过去的体验用基本不变和明显降低来描述自己在遭遇较严重风险事件时正常收入的波动状况。这种测算方法的优点是很好地避免了代理变量问题，从而对不确定性进行了直接测量。但是这种方法也明显受到技术性问题的限制，调查问卷的设计存在很大困难，导致其对不确定性的测量受到很多主观性因素的影响，从而影响测算的科学性和有效性。为避免这一缺陷，Kreyenfeld (2005)[26] 引入主观不确定和客观不确定两种方法度量收入风险，主观收入不确定用个体感知的经济地位安全程度表示，而客观的收入风险用失业、固定期限合同和低收入来表示。但即使克服了问卷调查主观性的限制，这种方法在应用方面也存在一定的限制。这一方法对不确定性的测量通常只是针对于某一时点或者某一较短时期内的测度，只能形成某一时点上的面板数据，因此很难用于长期的动态分析。由于预期的作用，并不是所有收入波动都能对家庭产生冲击，仅仅是那些未预期到的波动才能影响家庭决策。虽然一些学者通过对收入变化的趋势波动的测量来计算不确定性大小。例如：臧旭恒、裴春霞 (2004)[27] 在研究居民收入不确定性对居民消费的影响时认为有两种方法可以对居民收入的不确定性进行量化：一是使用各省人均 GDP 增长率的趋势值和实际值的差额的绝对值；二是使用各省人均 GDP 增长率的趋势值和实际值的差额的平方。王健宇（2010）[28] 利用我国居民收入的时间序列数据，使用调整离差率 (Adjusted Deviation Rate) 指标对我国居民收入的不确定进行量化。而更普遍为人们接受的，是将收入区分为持久收入和暂时性收入，持久收入的变化是可以被预期的，因而不会对家庭产生冲击，而收入波动的冲击主要来自暂时性收入波动，因此将暂时性收入波动作为度量收入不确定的指标。如 Robst et al. (1999)[29] 和 Diaz-Serrano (2004) [30] 通过将户主劳动收入对解释变量进行回归，获取暂时性收入波动作为收入不确定的代理指标。

通过以上对收入不确定度量方法的梳理，我们可以大致将其归纳为六大类，度量方法、指标、评价及代表人物见表 1–1。

表 1–1 收入不确定指标汇总表

分 类	度量方法	主要指标	评 价	代 表
第一类	间接代理变量	职业稳定性、失业率等	指标过于间接，容易产生偏差	Friedman,1957；Haurin and Gill,1987；Vignoli et al.; Hondroyiannis, 2010; 杭斌、郭香俊，2009
第二类	分组数据的标准差、方差	居民收入的标准差、方差等	仅能反映某一特征的波动，适用于时间序列数据	Blundell& Preston, 1998；王永中，2009；孙凤、王玉华，2001
第三类	预期偏差率	实际收入与预期收入之差的绝对值、年均增长率偏离平均增长率的平方、持久收入与平均收入之差	没有区分预期到的波动和未预期到的波动，因而放大了不确定性	杨明基等,2008; 刘兆博、马树才，2007；臧旭恒、裴春霞，2004；王健宇，2010
第四类	调查问卷法	未来收入的主观概率、主观感知的职业稳定性、收入预期、储蓄动机等	过于主观、适用于截面数据	Guiso Luigi，1992；Hanappi et al., 2017；朱信凯，2005；李斌等，2011

续 表

分　类	度量方法	主要指标	评　价	代　表
第五类	暂时性收入波动	残差平方、残差平方的对数	反映的是未预期到的收入波动，对收入不确定的度量更加准确	Robst et al.，1999；Diaz-Serrano，2004
第六类	其他	收入差距、条件异方差	仅适用于时间序列	郭志仪、毛慧晓，2009；王芳，2006

在实证研究中，对收入不确定的度量根据数据或研究目的或单纯采用一种方法或采用多种方法，在我国，罗楚亮(2004)[31] 比较全面地对收入不确定进行了度量。他认为，不确定性一般是不可能直接观测的，因此需要通过某种方式得到其代理变量，其将家庭面临的不确定性分为三个方面：收入、医疗与教育不确定。收入不确定性主要包括收入的波动性与失业概率，具体来说，度量收入波动的第一个重要指标是收入的对数方差。第二个指标是暂时性收入波动，通过对收入方程回归的残差进行处理获取。失业概率则用于反映家庭成员就业机会的不确定性，将失业状态视为 0~1 离散变量，通过失业状态的二元选择方程获取失业概率，并在估计出个人失业概率的基础上，以家庭成员失业概率预测值的平均值作为反映家庭失业概率的代理变量。医疗不确定可以用两个指标度量，第一是医疗支出的不确定，由实际医疗支出与预测支出之间的差额即随机性医疗支出变形得到，以随机性医疗支出的平方项作为医疗支出不确定性的一个测度指标。第二是高医疗支出概率。因为只有当医疗支出达到一定额度时才会对家庭未来的消费和储蓄

产生影响，所以高医疗支出出现的概率可以用于度量收入不确定。教育不确定也包括两个方面，一是接受高等教育的机会，二是家庭教育费用支出不确定。接受高等教育的机会包括正在接受高等教育的机会和未来可能接受高等教育的机会，由正在接受高等教育和正在接受高中和中专教育的家庭成员数量表示。家庭教育支出不确定则根据家庭教育支出函数回归获取，将随机性教育支出的平方项作为教育支出不确定的代理指标。罗楚亮对收入不确定指标度量方式的概括，为后期很多实证研究提供了思路。例如徐巧玲（2019）[32] 根据中国综合社会调查数据（CGSS2013），将暂时性收入平方的对数和个体失业概率结合起来作为度量家庭收入不确定风险的代理变量，证实了在我国收入不确定风险是导致二孩生育意愿较低的重要原因。通过对上述方法的整理发现，收入的标准差和方差这一类指标反映的是群体间的差异程度，无法反映个体面临的独特的不确定性，而条件异方差及预期收入离差率则更适用于时间序列，由于本研究数据为截面数据，故更适合通过收入方程采用暂时性收入波动作为衡量收入不确定的指标。

3. 暂时性收入波动

如前说述，我们将收入风险定义为收入的不可预测性，而不仅仅是变异性。当他或她的未来收入流偏离其预期的未来路径时，一个人面临收入风险。因此，我们需要对个人形成对其未来收入流的预测的基础做出假设，从而隐含地确定产生收入的过程。

假设以下规范描述了每个人的收入变化：

$$Y_{it} = Z_{it} + \beta X_{it} + e_{it}$$

其中，Y_{it} 代表个体 i 在 t 时刻的收入，Z 和 X 是用于解释个体收入的一系列解释变量，e 为不可解释的部分即残差。假定残差服从正态分布，具有零期望值和不随时间变化的方差，因此有 $Var(\varepsilon) = E(\varepsilon^2) - [E(\varepsilon)]^2 = E(\varepsilon^2)$。由于 X 和 Z 为可预测的收入，则收入风险则来自于无法预测的收入波动即残差的波动。通过估计收入方程获取残差，进而对残差取平方，得到残差方差的无偏估计即未预期到的收入的波动 $\pi = \sigma^2(e)$。在实证中，为了避免异常值和极端值，通常对残差的平方作对数中心化处理。

许多文献通过样本限制或控制变量的选择隐含地假设收入风险来源是劳动力市场回报的不可预测的变化。几乎所有的关于收入风险的文献都以收入量化模型为起点，其中控制变量和样本选择范围是着重考虑的内容。但由于研究目的和所用数据不同，各收入模型所纳入的解释变量有所差异。表 1–2 列举了部分收入决定模型所采用的数据库、数据类型及解释变量。

表 1–2　常见收入决定模型

作者	数据类型	解释变量	数据库、样本
Bird (1995)	(a) 截面数据	年龄、性别、教育水平、民族、滞后期收入、预期到的事件	PSID and GSOEP, 1983—1986，全样本
	(b) 时间序列数据		
Banks et al.（1999）	(a) 时间序列	滞后期收入、地区和季节变量、家庭就业人数变化、家庭成年人和儿童数量变化	Family ExpenditureSurvey data，1968—1992，出生于 1923—1950 的户主
Carroll (1994)	(a) 截面数据	户主年龄、教育水平、职业类型、年龄和职业交互项	US CEX，1960—1961，年龄 25~65 的户主
Carroll and Samwick (1995)	(a) 时间序列数据	户主年龄、性别、婚姻状况、种族、教育、职业、行业、时间趋势、家庭未成年人数量	PSID, 1981—1987，26~50 岁户主，剔除贫困样本
Carroll and Samwick (1997)	(a) 时间序列数据	户主年龄、教育、职业、行业、时间趋势、家庭人口变量	PSID, 1981—1987, 任何一年的收入不低于自己平均水平的 20%
Dardanoni (1991)	(a) 截面数据	经济地位、户主职业、户主行业	Family Expenditure Survey，1984，未退休、失业的户主
Dynarski and Gruber (1997)	(a) 时间序列数据	年龄、教育、婚姻、家庭规模、未成年人数量、家庭构成	PSID data，1970—91，年龄在 20~59 岁的男性户主
Haveman and Wolfe (1985)	(a) 截面数据	残疾状况、年龄、教育、种族	PSID 1969—1981，1969 年时年龄在 51~62 岁间的男性
Jarvis and Jenkins (1998)	(a) 时间序列数据	年龄、性别、采访年份	British Household Panel Survey，1991—1994

续 表

作者	数据类型	解释变量	数据库、样本
Kazarosian (1997)	(a) 时间序列数据	年龄、职业	NLS Older Men Cohort survey, 1966—1981，1966 年时 45~59 岁的男性，并且在整个样本期间低于 65 岁。
Miles (1997)	(a) 截面数据	户主性别、婚姻、毕业时间、年龄平方、家庭就业人数、投资收入、地区、户主职业和劳动力市场地位、职业和年龄交互项	Family Expenditure Survey for 1968, 1977, 1983, 1986, 1990，单亲家庭，排除退休、失业或年龄大于 55 岁的户主。

本章数据来自 2013 年中国家庭金融调查（CHFS）。核心解释变量为劳动收入与收入不确定风险，劳动收入由家庭工资、奖金收入及农业、工商业收入构成，为避免极端值和异常值影响，我们对劳动收入取对数。根据罗楚亮 (2004) 的研究，收入不确定风险主要来源于暂时性收入波动即残差项的变化情况，由于对于随机变量，$Var(\varepsilon) = E(\varepsilon^2) - [E(\varepsilon)]^2 = E(\varepsilon^2)$，残差的平方是其方差的无偏估计，故取残差的平方即暂时性收入的平方，然后对其进行对数标准化处理作为收入不确定的代理变量，简称为暂时性收入波动。由于收入不确定的波动具有方向性，故当残差小于 0 时，对暂时性收入波动取负号。由于一家之主在家庭各项决策中具有重要影响，因此取户主的人口特征变量及家庭特征变量为控制变量，由于家庭收入为人力资本与社会资本的函数，将家庭人均劳动收入作为被解释变量，将户主人口统计特征年龄、性别、户口、民族、教育、工作经

验、工作经验的平方、健康、婚姻及家庭是否从事工商业经营作为解释变量进行回归，不能被解释的残差则为暂时性收入，对暂时性收入平方取对数，得到收入不确定指标。计量模型为

$$lnincome_i = \beta_0 + \beta_1 \sum X_i + \beta_2 \sum F_i + \varsigma_{\mathrm{i}}$$

其中，X代表户主个体特征向量，F代表家庭特征向量。

第三章 本篇小结

本篇首先介绍了收入不确定出现的背景，收入不确定是当今世界面临的共同趋势。对于我国而言，由于就业、医疗、教育等领域的市场化改革，使得人们的经济活动常常伴随着很强的不确定性，并增加了对未来的悲观预期，从而影响着居民的消费和投资行为。接着对收入风险的含义进行了界定，收入风险是金融市场中存在的影响投资组合决策行为但不直接影响投资组合资产收益的风险。由于收入不确定风险一直是研究居民收入和居民消费、投资组合及生育决策等相关问题过程中不可或缺的重要变量，因此如何对收入不确定性进行科学、精确地测量成为分析和解决现实问题的关键环节。本篇详细介绍了六类收入风险的度量方法及代表人物，对比了各种度量方法的特点后，我们发现收入的标准差和方差这一类指标反映的是群体间的差异程度，无法反映个体面临的独特的不确定性，而条件异方差及预期收入离差率则更适用于时间序列，由于本研究数据为截面数据，因此选择暂时性收入波动作为收入风险的代理变量。在详细描述了收入过程和暂时性收入波动获取过程的基础上，由于控制变量和样本选择范围是着重考虑的内容，因此对国外研究所采用的数据库、样本选择及控制变量进行了归纳和总结。最后，结合实证研究目的，对实证样本及数据进行了介绍。

第二篇

收入不确定与消费—储蓄决策

第一章 引言

2014 年，我国国内生产总值达到 636463 亿元，人均 GDP 达到 46531 元，但与收入增长相伴随的是消费不振、居民储蓄持续增长。2014 年城镇居民和农村居民人均储蓄率上升到了 30.77 和 20.02，城乡居民储蓄存款余额达到 48.5 万亿元，相当于 GDP 的 76.5%。我国消费从 2000 年开始出现明显下降趋势，由 2000 年的 46.43% 下降到 2010 年的 34.94%，至 2014 年时达到 37.92%（如图 2–1）。此时我国人均 GDP 换算为美元已达到 7500 美元，根据国际经验，人均 GDP 达到 1000 美元时，居民消费率应达到 61%（宋明月，2016）[33]。众所周知，投资、出口和消费是拉动经济的三驾马车，但现实是，中国的经济发展虽然主要是依靠投资拉动，但其中很大部分属于国家投资，2011 年全年全社会固定资产投资 31. 10 万亿元，比 2010 年增长 23. 6%。投资对经济的刺激拉动作用功不可没，固定资产投资占 GDP 的比重达到 65. 95% 。但是，过大的投资尤其是政府投资也暴露出一些问题，如工程腐败、重复建设、投资效率不高等，投资的挤出效应对民间投资有抑制作用，同时还有相当比例的投资资金流向非实体经济，造成实体经济受到不良影响，经济运行面临通胀压力。而在出口方面，金融危机时期，中国的出口受到较大影响，外部需求急剧下降。2009 年全年出口额为 12016.1 亿美元，比 2008 年的 14306.9 亿美元下降了 19. 06%。在后金融危机时代，中国的外贸逐渐回暖，2010 年出口额恢复到 15777. 5 亿美元。但是国外针对中国的反倾销、反补贴等贸易壁垒丝毫没有减弱，其中受“欧债危机”的影响，欧盟对中国的贸易保护动作不断，先后对中国高档铜版纸、瓷砖、太阳能板等进行“双反调查”。而且，继 2010 年初美国、欧盟对油井钻管、铜版纸、三聚氰胺等产品发起反倾销调查后，阿根廷、墨西哥等国也紧随其后密集针对中国相关产品采取“双反”立案调查。针对中国的调查频率之高、构筑的壁垒之大处于世界之首，中国的外贸的强劲出口势头受到了遏制。投资、出口面临的严峻问题和挑战使得国家的宏观经济政策转向于强调扩大消费需求，“十二五”规划提出政府应加强和改善宏观调控，着力扩大内需特别是消费需求，加快形成消费、投资、出口协调拉动经济增长新局面，进一步增强经济增长的内生动力（胡德宝，2012）[34]。

随着中国经济改革的不断深化，居民的消费行为发生较大的变化。20 世纪 90 年代中后期以来，消费与现期收入之间出现了较大的偏离，其表现就是平均消费倾向持续下滑，呈现“消费需求之谜”（任太增，2004）[35]。“绝对收入理论”“持久收入理论”和“生命周期理论”显然已经无法很好地解释这种突然出现的、持续时间较长的消费倾向持续大幅度下降的现象。如何扩大内需成为学术界和政府所共同关注的话题，因此对居民消费需求的研究成为必要，而对居民消费行为的研究则不得不联系到我国经济转型与发展的特殊背景。随着 20 世纪 90 年代中期以来各项改革措施的实施，城镇失业下岗人数的增加、医保制度的变迁、预期教育支出的增长、住房制度的改革及养老方式的变化等经济转型特征，及信贷与保险市场的欠发达等经济发展因素对居民消费行为的影响 (罗楚亮，2004)。特别是近年来国内有效需求不足，虽然 1996 年至今，国家频频出台政策和措施刺激消费，包括降息、扩大消费信贷、开征利息税、延长节假日时间等，然而住房、教育、医疗的市场化，使得个体现期和预期支出均大幅增加，这种感觉无疑使许多居民对未来感到担忧，结果导致了居民形成对未来的悲观预期 (王芳 2006)。于是，我国居民出现了预防性储蓄行为，攒钱养老，攒钱为子女上学，攒钱购房，攒钱看病，为了应对未来的收入和支出不确定家庭因而抑制了消费行为。在影响消费储蓄分配的各种不确定因素中，收入不确定是最根本的因素，因此本章尝试从收入不确定的角度解释“消费需求之谜”。

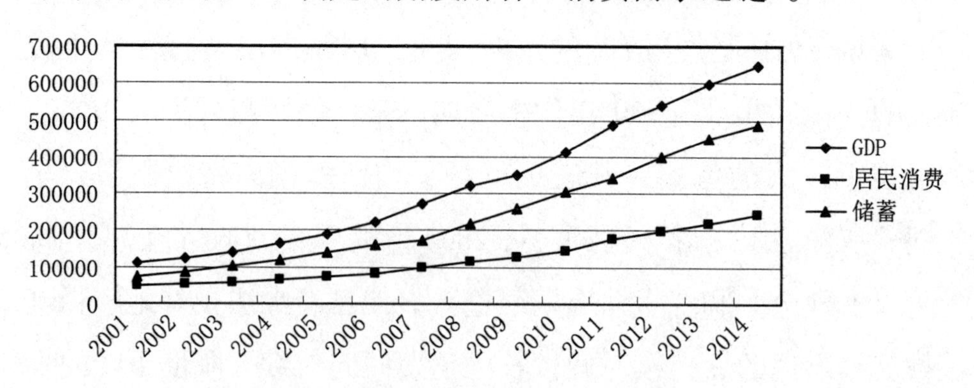

图 2–1　消费—储蓄现状

第二章　消费—储蓄决策理论的发展

早期传统的消费理论包括凯恩斯的绝对收入假说，杜森贝利的相对收入假说，莫迪利安尼的生命周期假说 (LCH) 和弗里德曼的持久收入假说 (PIH) 。直到最近，大部分文献对消费和储蓄的研究都是基于生命周期—持久收入模型。这些模型表明，消费者根据当前和贴现的未来收入（即持久收入或生命周期收入）的总和以及随时间和整个生命周期的平稳消费来确定他们当前的消费决策。因为这些分析都假定消费者能准确预期未来的收入，即不存在不确定性。然而，消费者面临的实际上是不确定的环境，其决策也是一个在非确定性条件下的连续决策问题。一方面，从理论模型考虑，一旦从原始生命周期—持久收入模型中省略了确定性等价假设，就会发生预防性储蓄，即针对不可承受的收入风险的储蓄。这种假设通常采用消费者的线性边际效用的形式。一旦假设边际效用是非线性的，未来收入或消费的不确定性的增加会降低当前消费并提高储蓄。Dreze 和 Modigliani（1972）[36] 明确考虑了非线性边际效用的影响。Kimball（1990）[37] 证明，当效用函数表现出“谨慎”时，即当效用函数的三阶导数为正时，就会发生预防性储蓄，如绝对风险厌恶（CARA）和相对风险厌恶（CRRA）效用函数。Caballero（1990）[38] 表明，使用绝对风险厌恶（CARA）效用可以获得封闭形式的消费解决方案，其中消费与永久收入正相关，而与预防性动机负相关。另一方面实证研究未能支持这些理论模型。Zeldes（1989）[39] 提到了三个生命周期—持久收入模型没有解释的经验难题，首先，消费过于紧密地跟踪当前收入，即过度敏感性难题。其次，在利率接近零且低于时间偏好率的时期，美国的消费增长是积极的。最后，按照生命周期模型的预测，老年人退休后未能减少资产。由于这些难题，这些模型的理论基础已经受到考验。生命周期—持久收入模型的一个基础是只有未来收入的平均值会影响当前的消费。但人们普遍认为，未来收入的差异也可能影响消费，储蓄和财富积累。尽管 Hall(1978) [40] 对持久收入假说进行了改进，提出了理性预期下的持久收入假说，把 LCH /PIH 的逻辑推广到更一般的不确定情况。但是，如果使用理性预期 (Rational Expectation)，很多不确定性都可消除，直到只剩下与已有信息完全无关的白噪声冲击，在预期的意义上，外来冲击对决策毫无影响。因此，LCH /PIH 与 RE-LCH /PIH 的内在逻辑完全一致。由于传统消费理论对消费者不确定性下的储蓄和消费行为不能给出满意的解释，就出现了不确定性下的储蓄和消费理论。1975 年以后，西方经济学将收入不确定、收入风险纳入消费函数，结合理性预期理论，逐渐形成了不确定条件下的消费理论。包括随机游走假说，预防性储蓄假说和流动性约束假说，其中以预防性储蓄假说的影响最大。代表性的预防性储蓄假说包括如下模型。

1. Zeldes 预防性储蓄模型

首次用预防性储蓄动机模型进行分析的是 Leland (1968)[41]，他定义预防性储蓄为由未来不确定性收入而引起的额外的储蓄。由递减的绝对风险厌恶，他得到了当效用函数的三阶导数大于零时，确定性均衡理论将不再成立，此时的消费者将采取比确定性下更为谨慎的行为，储蓄主要是为了防范未来不确定劳动收入所带来的冲击。

Zeldes(1989) 研究了在收入随机波动的情况下，不确定性对消费最优行为的影响，验证了不确定性对于消费决策的影响力度。他假定一个消费者固定生活了 T 期，未来劳动收入是不确定的，消费者在每一期都追求一生剩余时间的预期效用最大化，则消费者效用最大化可以表述为：

$$E_t\sum_{j=0}^{T=t}(\tfrac{1}{1+\varepsilon})^t U(C_{t+j})$$

$$W_{t+1}=(W_t-C_t)(1+r_t)+Y_{t+1}$$

$$C_t\geqslant 0$$

$$W_t-C_t\geqslant 0$$

其中，W_t 代表消费者 t 期的财富值，Y_t 代表 t 期的劳动收入，C_t 代表 t 期消费水平，r_t 代表 t 期利率，E_t 条件期望代表在所有可用信息下对未来的预期，ε 为贴现因子，$U(C_t)$ 代表效用函数。

2. Caballero 的预防性储蓄模型

Caballero（1991）[42] 采用 CARA 效用函数求解跨期最优模型，得到了整个生命周期的消费、储蓄和财富积累函数，并进一步测算了预防性财富在总财富中的比重，并假定消费者存活了 t 期，期初资产为零，贴现率和利率也为零，而劳动收入是不确定的，且是一个随机游走过程，用模型表示为：

$$\max_{C_{t-i}} E_{\mathrm{t}}[\sum_{i=0}^{T-t} -\frac{1}{\theta} e^{-\theta C_{t-i}}]$$

$$C_{t+i} = Y_{t+i} + A_{t+i-1} - A_{t+i} (0 \leqslant i \leqslant T-t)$$

$$C_T = Y_T + A_{T-1}$$

$$A_0 = 0$$

$$Y_t^* = Y_{\mathrm{t}-1}^* + \varepsilon_t$$

CARA 效用函数的优点是可以据此得到财富积累函数，并获取预防性储蓄比重，但是，其无法剔除负的消费，因而其应用受到限制。

3. Dynan 的预防性储蓄动机模型

Dynan (1993)[43] 提出测度预防性储蓄动机强度的模型。模型引入了不确定性，通过二阶泰勒函数展开，假设消费者的效用函数满足一阶导数大于零，二阶导数小于零，三阶导数大于零的条件。在不确定性条件下，消费者跨期最优模型如下：

$$\max_{Ct+j} E_t \sum_{j=0}^{T-t} (1+\beta)^{-j} U(C_{t+j})$$

$$A_{t+j+1} = (1+r)A_{t+j} + Y_{t+j} - C_{t+j}$$

$$A_{T+1} = 0$$

当消费者当期边际效用等于未来边际效用现值时，消费者获得最优解，即

$$U'(C_t) = \frac{1+\mathrm{r}}{1+\beta} E_t[U'(C_{t+1})]$$

对式进行二阶泰勒展开，可得

$$E_{\mathrm{t}}(\frac{C_{t+1}-C_t}{C_t}) = \frac{1}{\phi}(\frac{r-\beta}{1+r}) + \frac{\theta}{2} E_t[(\frac{C_{t+1}-C_t}{C_t})^2]$$

其中，Φ 为相对风险厌恶系数，θ 为相对谨慎系数，用来刻画预防性储蓄动机，由于各参数值可以根据模型直接求得，故能用于政策决策。

第三章　家庭消费函数

1. 消费函数特征和性质

何平等（2009）[44]指出家庭消费有三个基本特征：继承性、连续性和择优性。一方面，家庭消费虽然受当前收入的影响，但是上一代的消费理念和消费习惯会深刻的影响下一代。而这种消费习惯一旦形成就具有连续性，除非家庭经历重大变故，否则消费习惯将保持长期不变，这被称为消费的习惯效应或棘轮效应。另一方面，消费的习惯效应可以通过婚姻来打破。一个家庭最终的生活方式、消费方式是在婚姻双方原有的消费习惯冲突对撞中形成的。婚姻双方原有的生活方式的差异在新家庭中矛盾冲突的结果是融合和传承原家庭中较为优良的生活方式和消费习惯。基于家庭消费的这些特征，我们可以发现家庭消费具有以下性质：第一，家庭存在刚性消费需求。所谓刚性消费需求是指保持家庭成员效用不变的消费需求。即它是维持一种在继承上一代家庭生活方式基础上形成的新的家庭生活方式的消费需求，它既包括必须的家庭不动产、耐用消费品等所提供的服务，也包括保持服务所需要的维护、更新、修理等费用支出，还包括新生活方式所需要的日常消费支出。第二，家庭收入、消费和储蓄决策是一个累积的连续过程。家庭储蓄和消费建立在家庭累积的收入和财产基础上，而不仅仅是当期收入，因此在既定财富和收入水平的约束下，无论当期消费和储蓄如何分配，但储蓄和消费分配的效用总是最优的。第三，消费受预期的影响。家庭对未来收入和消费的预期会对当期消费或储蓄产生影响，但对预期的反应强度不同，由于刚性消费需求的存在家庭对未来消费需求预期比对收人的预期更为强烈。家庭消费特征可以由消费函数刻画，下面简要介绍凯恩斯消费函数。

2. 凯恩斯消费函数

经典凯恩斯函数包括自发消费和引致消费，用函数表示为:

$$C = A_0 + a + c\,(Y - a)$$

其中，$A_0 + a$ 表示保持上期家庭生活水平不变的全部刚性消费支出；A_0 表示家庭过去全部消费支出，a 表示当期收入中用于维持上期家庭生活水平的刚性消费支出。c 表示满足现在消费欲望的新增消费的消费倾向。Y 表示家庭储蓄资产与当期收入之和，它既包括当期的收入 y，也包括家庭积累的不动产和动产 k，即 $Y = y + k$,$c\,(Y - a)$ 表 示用于改善现期生活的消费支出。

家庭在既定财产和收入水平下选择储蓄和消费所产生的效用水平用公式表示为:

$$U = f[\,\alpha\,(Y - a), \beta\,(Y - a)]$$

$$St.\, M-(Y+y)+A=0$$

其中，α 表示家庭消费欲望；β 表示家庭积累财富的欲望；$A=A_0+a$；约束条件 $M-(Y+y)+A=0$，表示过去积累的财富和当期收入之和与当期刚性消费的余额。

该模型表明，家庭消费受消费欲望支配，而家庭储蓄则受家庭积累财富的欲望支配。将家庭生命周期各时间段的储蓄—消费均衡点连接起来，就可以得到最优家庭消费—储蓄曲线。它反映家庭在既定收入水平下的储蓄—消费欲望变化轨迹。一般正常家庭的财产积累与收入水平总是随着社会经济的增长而不断增长。因此，家庭长期消费—储蓄线向外扩张。

3. 一般消费函数

在家庭收入既定的情况下，消费欲望与积累财富的欲望此消彼长，并随着主客观因素包括心理因素、社会习惯和社会制度、货币工资、收入、资本价值的意外收益、利率、财政政策和预期的变化而改变。从长期来看，下列因素的变化会导致家庭收入水平、消费欲望和储蓄欲望发生变化，使储蓄—消费曲线发生波动：（1）消费预期；（2）家庭生命周期的变化；（3）收入的变化；（4）家庭脆弱性的变化；（5）其他因素的变化。综合以上各种因素，可以将凯恩斯消费函数扩展到一般家庭消费函数：

$$C_n=A_{n-1}+a_n+c(Y_n-a_n)$$

其中 $Y_n = y_n + k$

$\sum_{n=1}^{n} C_i$ 代表家庭在生命周期内的总消费。

由于处于不同的生命周期阶段、具有不同的收入水平以及不同的家庭脆弱性等，其刚性消费和改善生活条件的消费欲望与积累财富的欲望必定会有所不同，从而导致不同时期的实际消费支出与储蓄有很大差异。因此，家庭生命周期中的消费—储蓄线是一条不规则波动的曲线。如图 2–2。

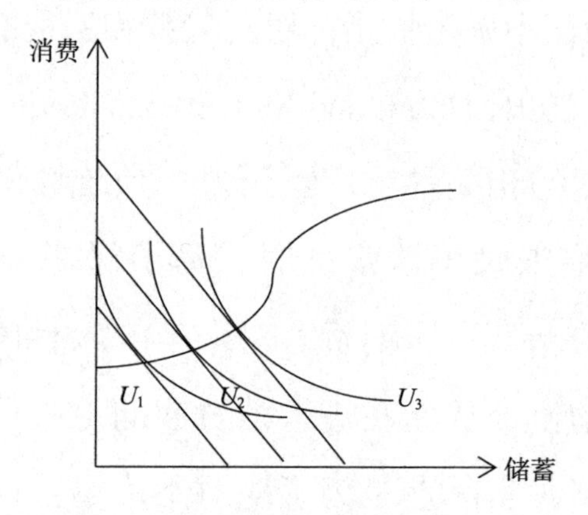

图 2–2　无差异曲线

第四章　预防性储蓄研究

1. 国外预防性储蓄研究

由于不确定性的存在，居民消费并不是平滑的。大量文献使用微观数据来测试不确定性指标对总储蓄和消费的影响（Carroll, 1992; Dardanoni 1991; Hahm and Steigerwald 1999）[45]~[47]。其中，预防动机与储蓄的相关性被广泛讨论。预防性储蓄指风险厌恶型消费者在面临未来不确定性时，为了保持未来消费的平滑性，从而进行的储蓄。当消费者对未来收入有风险预期时，就会产生预防性动机，从而在进行消费或储蓄决策时，更加偏重于储蓄，这种储蓄实际上是为了应对不确定性而采用的自保险手段。在预防性储蓄的概念中，生命周期—永久收入假设的基本概念通过让收入随机化并放宽确定性等价假设来扩展，因此消费成为收入变化的函数。Leland (1968)[41] 和 Sandmo (1970)[48] 等认为预防性储蓄对风险的反应与边际效用函数的凸性相关，当效用函数的三阶导数为正时，将产生预防性储蓄。通过设定效用函数，例如 CARA 效用函数，可以得到含风险因素的显式消费函数。另外，也可以通过消费的欧拉（Euler）方程，得到预防性动机对消费动态路径的影响方式。Zeldes (1989)[39] 和

Caballero (1990)[38] 利用预防性储蓄假说较好地解释了消费的过度敏感性和过度平滑性：如果劳动收入的变化与未来劳动收的不确定性程度正相关，当期劳动收入的变化将意味着未来不确定程度的增加，这时，消费者就会增加预防性储蓄，从而导致消费的过度平滑性；如果当期劳动收入的变化和滞后期的劳动收入的变化有关，则当期消费就会和滞后期劳动收入的变化有关，因而出现过度敏感性。预防性储蓄理论在吸收理性预期思想基础上，认为消费者在进行跨期消费决策时，不仅将财富平均分配于整个生命周期，而且还要防范未来不确定性事件的发生。在不确定情况下预期未来消费的边际效用要大于确定情况下消费的边际效用，不确定性同当期消费呈负相关关系，同储蓄成正相关关系。不确定性越高，预期未来消费的边际效用越大，消费者当期消费越谨慎，为应付未来的储蓄就越多。Skinner（1988）[49] 和 Carroll and Samwick（1998）[50][42] 认为，预防动机可能占美国总财富的 50%。消费难题，如对短暂收入变化的过度敏感（Flavin，1981）[51] 或过度消费的平稳性（Campbell 和 Deaton，1989; Caballero，1991）[52] 都是以预防性动机来解释的。尽管西方学者做了大量的有关预防性储蓄的实证研究，但所得的结论并不一致。比如，Jianakoplos (1996)[53] 使用国民纵向调查数据库 (NLs)，研究国民储蓄与政府收入保障计划之间的关系，发现存在强烈的预防性动机。Caroll (1992，1994)[45][54] 使用美国收入时间序列分组数据 (PSDI) 和消费者支出调查数据 (CES)，用各收入组间的方差代表风险，其结果对预防性储蓄动机假说给予了支持。但 Skinner (1988) 使用职业间的收入差异代表不确定性，通过对美国消费者支出调查数据的研究，并没有发现预防性储蓄动机的存在。流动性约束被认为是对暂时性收入变化敏感性的另一个原因（Kazarosian，1997）[55]，Deaton (1991)[56] 与 Carroll (1992)[45] 结合预防性储蓄与流动性约束提出了“缓冲库存模型”。在缓冲库存模型中，如果资产存量偏离目标财富收入比率，则家庭会对短暂收入冲击做出反应。

2. 国内预防性储蓄研究

从 20 世纪末开始，越来越多的研究人员开始利用预防性储蓄理论来研究我国的消费与储蓄问题。宋铮（1999）[57] 用城市居民收入标准差作为衡量不确定性的指标，对 1985—1997 年数据进行回归分析，发现未来收入的不确定性是中国居民储蓄的主要原因。王芳（2006）[21] 根据 1978 —2003 年中国农村居民现金消费支出数据，综合考虑影响消费的主要因素来研究中国农村居民的现金消费行为。采用刻画不确定性的条件异方差来描述不确定性，实证研究发现农村居民现金消费支出的主要影响因素并非收入，而是利率和不确定性因素，且不确定性因素在 1996 年后表现得尤为突出，正是由于对未来支出的不确定性的预期，农村出现了高储蓄的现象，导致我国农村消费处于低靡状态。沈坤荣等（2012）[58] 采用 2006 年中国综合社会调查数据实证研究发现，收入不确定与城镇居民储蓄率之间存在显著的正相关关系，但强度随着储蓄率的增加而降低。张锦华等（2014）[7] 构建了一个基于家庭效用最大化的教育支出微观选择模型，采用类似于消费倾向的教育支出倾向来度量收入不确定下的教育支出意愿。采用城镇登记失业率和收入增长率偏差的绝对值来衡量收入不确定，研究发现：居民家庭收入的不确定性与投资教育收益的不确定性会对教育支出倾向产生重要的负向调节作用，较贫困的农村居民及西部地区居民的教育支出意愿更容易受教育收益和收入不确定性的影响。王克稳等（2013）[59] 以改进的持久收入假说为基础，将不确定性分解为消费不确定性和收入不确定性，并利用 1985—2011 年中国 30 个省份自治区的面板数据，对各省份自治区的消费不确定性和收入不确定性进行了度量。并在此基础上，考察了两者对农村居民消费的影响。通过系统的数据分析和实证检验，发现消费不确定性和收入不确定性对农村居民消费有显著影响，而且两者的作用方向相反，说明为应对未来消费风险，家庭会采取多种措施来阻止收入波动演变成消费波动，并不仅限于货币形式的“预防性储蓄”，并且家庭消费受家庭平滑消费的能力的影响，具体而言，消费不确定性对农村居民消费的影响为正向，这意味着农村居民对于未来消费不确定性的预期，采用预防性的消费行为而非预防性储蓄行为进行应对，导致了当期消费的增加；而收入不确定性对农村居民消费具有负向影响，这一结论符合预防性储蓄理论，即农村居民采用增加储蓄减少消费以应对未来消费不确定性预期。消费不确定性对农村居民消费的影响大于收入不确定性的影响。这一方面验证了对于我国农村居民的消费行为而言，不仅存在着预防性储蓄，还存在着预防性消费；另一方面，来自消费方面的不确定性因素比收入方面的不确定性因素对消费的影响更大。刘灵芝等（2011）[60]采用 2011 年在湖北省抽样调查获得的微观数据，引入不确定性变量，采用收入的对数方差及暂时性收入的平方衡量不确定性，对农村居民消费行为进行了实证分析。研究发现，收入不确定性和支出不确定性都会抑制农村居民消费；收入不确定性对农村居民消费的影响大于支出不确定性对农村居民消费的影响；支出不确定性中，教育支出的不确定性相对于医疗支出的不确定性，对居民消费水平的抑制作用更大。并且提出农村消费者具有悲观性预期，其原因在于：一方面我国仍处于经济转型期，居民面临着诸多的不确定性，这些不确定性很容易导致居民形成相对一致的悲观性预期；另一方面，20 世纪 90 年代以来国家出台的很多改革措施，使得居民对未来的关注主要是在支出的快速增长上。这意味着对我国消费者而言，不确定性存在不对称性，消费者不能完全了解自身未来的收入及支出会发生什么样的变化，而他们对待未来收入及支出变化的态度，则是宁愿把支出的增加估计得夸大一些，收入的提高预计得保守一点，最终就出现了普遍的悲观性预期。可见，当农村居民面临着收入和支出不确定性时，由于居民普遍存在悲观性预期，为了防范及应对未来收入变化及支出变化导致的入不敷出的情况发生，居民会选择提高储蓄，减少现期消费。陈冲

（2014）[61]按照不确定性的定义，将未预期到的经济波动视为不确定，选择预期收入离差率这一指标来衡量农村居民的收入不确定性，研究结果表明，农村居民的消费行为对于“劣于预期”的负向不确定性表现得更加敏感。

第五章 收入不确定风险下的储蓄—消费研究

1. 数据来源及相关变量

本章数据来自 2013 年中国家庭金融调查（CHFS）。中国家庭金融调查（China Household Finance Survey，CHFS）是西南财经大学中国家庭金融调查于研究中心最早开展的全国大型抽样调查，其主要目的是收集有关家庭金融微观层次的相关信息，主要包括：住房资产和金融财富；负债和信贷约束；收入；消费；社会保障与保险；代际的转移支付；人口特征和就业；支付习惯等相关信息。在数据采集上，为保证样本源数据的科学性和准确性，采用了分层、三阶段与规模度量成比例（PPS）的抽样设计方法，结合实地走访和季度电话回访采集和更新样本数据。同时，为保障各项调查的顺利实施，汲取国际上通用的计算机辅助面访系统（Computer-assisted Personal Interviewing, CAPI）的框架和设计理念，研发了具有自主知识产权的调查解决方案，该方案能实现从问卷设计、样本分配、数据采集、访问实时监控，到后期质量控制的整套功能，大大提高了调查的质量和效率。目前，已经成功实施三次调查。2011 年，收集家庭样本 8438 户，样本具有全国代表性；2013

年，收集样本 28141 户，样本在全国代表性的基础上增加了省级代表性；2015 年，样本扩大到 40000 余户，具有全国、省级和副省级城市代表性。由于数据获取渠道的局限性，本章仅采用 2013 年中国家庭金融调查数据进行实证研究。

被解释变量包括储蓄总量与储蓄比率两个变量，为体现家庭在消费和储蓄间的分配，选取储蓄为当年全部收入减去家庭当年总消费的余额，储蓄率则表示为储蓄总量与年总收入的比值。消费包括就餐费用、水、电、燃料费、物业管理费、日用品消费支出、家政服务费支出、交通通信费用、文化娱乐消费支出、购买衣物支出、住房装修、维修及扩建支出、暖气费、购买家电支出、教育培训支出、奢侈品支出、购买汽车等交通工具支出、旅游探亲及卫生保健支出。核心解释变量为家庭收入与收入不确定风险，劳动收入由家庭工资、奖金收入及农业、工商业收入、出租房屋、土地、固定资产及转移性收入构成，为避免极端值和异常值影响，我们对家庭收入取对数。根据罗楚亮 (2004) 的研究，收入不确定风险主要来源于暂时性收入波动即残差项的变化情况，由于 $Var(\varepsilon) = E(\varepsilon^2) - [E(\varepsilon)]^2 = E(\varepsilon^2)$，残差的平方是其方差的无偏估计，故取残差的平方即暂时性收入的平方，然后对其进行对数标准化处理作为收入不确定的代理变量，简称为暂时性收入波动。由于收入不确定的波动具有方向性，故当残差小于 0 时，对暂时性收入波动取负号。

由于一家之主在家庭各项决策中具有重要影响，因此取户主的人口特征变量及家庭特征变量为控制变量，包括年龄、性别、户口、民族、教育、工作经验、健康、婚姻、家庭规模、房产数量以及是否东部地区，样本的描述统计详见表 2–1。

表 2–1 描述性统计

变量代码	变量解释	均值	标准差	最小值	最大值
save	储蓄数量	11150.35	102038	0.0000	5000000
sratio	储蓄比例	0.0979	0.1766	0.0000	1.0000
核心解释变量					
lne2	收入不确定	19.9515	2.9190	−18.5952	22.2662
lnincome	人均收入对数	6.5282	8.5086	0.0004	23.0000
控制变量					
age	年龄	40.7405	11.2602	17.0000	59.0000
gender	性别	0.4946	0.5000	0.0000	1.0000
hukou	户口	0.3953	0.4889	0.0000	1.0000
hationality	民族	0.9146	0.2795	0.0000	1.0000
education	教育水平	9.8216	4.1157	0.0000	19.0000
experience	工作经验	7.7204	10.3898	−1.0000	51.0000
health	健康	3.8541	1.0020	1.0000	5.0000
marriage	婚姻	0.8443	0.3626	0.0000	1.0000
familysize	家庭规模	3.2098	1.3868	1.0000	10.0000
house	是否有房	1.0929	0.6315	0.0000	14.0000
oratio	老年抚养比	0.0495	0.1653	0.0000	1.5000
yratio	少年抚养比	0.1272	0.3717	0.0000	4.0000
样本量	6028				

2. 计量模型

首先根据计量模型（1）获取暂时性收入，将家庭劳动收入作为被解释变量，将户主人口统计特征年龄、性别、户口、民族、教育、工作经验、工作经验的平方、健康、婚姻及家庭是否从事工商业经营作为解释变量进行回归，回归所得残差即为暂时性收入，对暂时性收入平方取对数，得到收入不确定指标。

$$lnincome_i = \beta_0 + \beta_1 \sum X_i + \beta_2 \sum F_i + \varsigma_{\mathrm{i}} \tag{1}$$

然后根据计量模型（2）检验劳动收入、收入不确定风险与家庭消费和储蓄的关系。被解释变量 y 分别代表储蓄数量、储蓄比例、消费数量、消费比例。

$$y_i = \beta_0 + \beta_1 UNCERTAIN_i + \beta_3 \sum X_i + \beta_4 \sum F_i + \varsigma_i \tag{2}$$

其中，X 代表个体特征向量，F 代表家庭特征向量。

3. 家庭储蓄特征

表 2–2 给出根据中国家庭金融追踪调查统计的家庭 2013 年收入与储蓄的基本状况。家庭年平均收入为 45728.8 元，平均储蓄额为 11150.35 元，平均储蓄率为 24.38%。其中，城市家庭平均年收入为 65534.06 元，年储蓄额 19145.96 元，储蓄率达到 29.22%；农村家庭年平均收入 39226.03 元，储蓄额为 8465.08 元，储蓄率为 21.58%。可以看出，农村家庭储蓄率明显低于城市储蓄率，这是因为农村收入在用于支付生存消费后，可用于储蓄的比例明显减少。将全部样本按照收入的 20 和 80 分位数区分为高收入、低收入和中等收入后发现，高收入组年均收入 115979.7 元，平均储蓄 43547.43 元，平

均储蓄倾向为37.55%，中等家庭年收入35609.07元，年均储蓄6867.769，平均储蓄倾向19.29%，低收入家庭年均收入5773.411元，平均储蓄-8409.006元。对比不同收入等级的家庭可以明显看出，随着家庭收入的增加，储蓄倾向越来越高。具体见表2-2。

表2-2　家庭储蓄特征

	全部样本	城市样本	农村样本	高收入样本	中等收入样本	低收入样本
样本数量	6028	3858	2170	1205	3623	1200
比例		64%	35%	20%	60.1%	19.9%
家庭年均收入（元）	45728.8	65534.06	39226.03	115979.7	35609.07	5773.411
家庭年均储蓄（元）	11150.35	19145.96	8465.08	43547.43	6867.769	-8409.006
平均储蓄倾向	24.38%	29.22%	21.58%	37.55%	19.29%	--

4. 实证结果与分析

4.1 收入不确定与消费—储蓄

表2-3的回归结果显示，劳动收入对储蓄额度的影响系数为0.0457，在1%的水平上显著，家庭收入对储蓄率的影响系数为0.0514，显著水平为1%。收入不确定对储蓄额度的影响系数为0.0388，对储蓄比例的影响系数为0.0443，二者均在1%的水平上显著。正如预防性储蓄理论所阐述，在不确定性的环境下，消费者在进行决策时，是进行消费还是储蓄，其行为更加谨慎。一般情况下，消费者会减少现期消费进行储蓄以应对未来的风险——收入可能减少的风险。随着国有企业改革

的深化，现代企业制度的建立，一系列改革措施如减员增效和结构性调整措施的出台，以及劳动力市场化程度的加深，造成收入的波动性。收入的波动性不仅体现在下岗职工失去了稳定的收入来源，在岗职工面临工资下调的压力，更为严重的是，劳动力市场就业形势的恶化，就业不稳定感的程度变得越来越强烈，从而对个体产生心理冲击，对未来收入预期的稳定性大打折扣，对城镇居民的消费行为具有显著的负影响，加剧了个体主观感知的收入不确定性。另一方面随着医疗制度、教育制度、住房制度和养老制度等的改革，导致了这些特殊行业的商品与服务价格的快速上升，这些均在一定程度上增加了城镇居民的现期支出，也使其对未来的支出项目和数量预期增加，收入的不确定性因此更加剧了对消费的挤出作用。

表 2-3　收入不确定与消费—储蓄

	(1) 储蓄	(2) 储蓄率
劳动收入	0.0457***	0.0514***
	(2.98)	(2.61)
收入不确定	0.0388***	0.0443***
	(4.11)	(3.90)
年龄	0.0135***	0.00844*
	(3.38)	(1.83)
性别（男 =1）	−0.148**	−0.192**
	(−1.99)	(−2.22)
户口（城市 =1）	0.774***	0.474***
	(8.65)	(4.56)

续 表

	(1) 储蓄	(2) 储蓄率
民族（汉 =1）	0.564***	0.505***
	(3.61)	(2.62)
教育水平	0.139***	0.0697***
	(12.39)	(5.54)
工作经验	0.00956***	0.00838**
	(2.62)	(2.00)
健康	0.0293	0.0346
	(1.03)	(1.04)
婚姻（已婚 =1）	0.346***	0.421***
	(3.22)	(3.21)
家庭规模	−0.0273	0.00597
	(−0.88)	(0.17)
房产（有房 =1）	0.309***	0.199*
	(3.09)	(1.67)
_cons	−5.796***	−5.223***
	(−17.94)	(−13.77)
N	6028	6028

4.2 收入不确定影响消费—储蓄行为的城乡差异

消费不仅受经济条件制约，也受文化认知能力的影响。而城乡居民无论在经济条件还是文化认知方面均存在较大差异，如徐巧玲（2018）根据《中国城市统计年鉴 2013》宏观数据及 CGSS 微观调查数据，利用 OLS 及 Odered probit 模型实证发现城乡卫生资源配置差异对农村居民社会信任水平产生显著正向影响，而对城市居民样本作用不显著。[62] 故我们将城乡样本区分开来研究收入不确定对消费—储蓄行为的影响。表 2–4 的回归结果显示收入不确定性是中国城镇居民预防性储蓄动机的主要影响因素，对城镇居民来说，收入不确定对储蓄和储蓄率的影响系数分别为 0.460 和 0.201，并且在 1% 的水平上显著，但对农村居民来说显著性不高。对此城乡差异有三种解释：第一，可能是由于农村居民文化认知能力较低，对收入不确定的感知和防范措施缺乏，而城镇居民则对收入波动更加敏感，更懂得“未雨绸缪”，因而会通过增加储蓄来应对未来收支风向；第二，由于农村居民原来享受的社会保障远低于城镇居民，农村住房、医疗、养老、失业等方面根本就没有社会保障，对他们产生影响的只有教育制度改革，因此，改革对农村居民收入的冲击要远远小于对城镇居民的冲击。正因如此，面对新旧体制的交替，城镇居民显得比农村居民更为敏感，其平均消费倾向下降的也更快；第三，另一方面，由于金融发展体系的城乡差异存在，城镇居民金融可得性更高，因而便利其进行预防性储蓄。

表 2–4　收入不确定影响消费—储蓄的城乡差异

	（1）城市储蓄	（2）城市储蓄率	（3）农村储蓄	（4）农村储蓄率
家庭收入	0.017**	0.799***	0.003**	0.111***
	(2.33)	(4.28)	(2.08)	(4.05)
收入不确定	0.460***	0.201***	0.154	0.140
	(3.36)	(3.62)	(1.08)	(0.99)

续 表

	（1）城市储蓄	（2）城市储蓄率	（3）农村储蓄	（4）农村储蓄率
控制变量	控制	控制	控制	控制
_cons	−5.383***	−35.41***	−0.427***	−4.967***
	(−9.78)	(−9.20)	(−4.36)	(−8.17)
N	3858	3858	2170	2170

4.3 不同来源的收入不确定与消费—储蓄

4.3.1 描述统计

家庭收入由多种成分构成，不同来源的收入对家庭重要性及影响不一致，因而不同来源的收入不确定对家庭消费和储蓄的影响也不同。根据中国家庭金融调查数据，将工资、奖金、补贴等收入视为工资性收入，将农业和工商业经营所得利润视为经营性收入，将房屋、土地出租租金及其他资产租金视为财产性收入，分别根据收入决定方程计算残差，将残差平方的对数作为收入不确定的代理变量。不同来源的收入和不确定性见表 2–5。

表 2–5　收入来源及其不确定性

变量	单位	均值	标准差	最大值	最小值
消费	元	36000.23	59170.3	3000000	2000
工资性收入	元	18540	17221.73	95016	0
经营性收入	元	21882.79	7331.158	46920.54	0
财产性收入	元	1560.419	2006.065	13918.692	4
转移性收入	元	3027.791	3418.202	31140	252

续　表

变量	单位	均值	标准差	最大值	最小值
工资性收入不确定	元	6.6844	109.7216	637.2711	–358.3271
经营性收入不确定	元	17.9069	106.7469	399.6276	–519.9279
财产性收入不确定	元	62.4615	525.3182	210.1683	–7750.548
转移性收入不确定	元	11.2771	68.6475	306.0123	–385.5731

4.3.2 回归结果

由于我们对储蓄的定义是与消费相对应的，并且由于不同来源的收入对消费的影响更为直观，故我们以家庭消费为被解释变量，对各种来源的收入及不确定性进行回归以查看不同来源收入及不确定性对家庭消费—储蓄行为的异质性影响。从表 2–6 的回归结果可以看出：财产性收入及收入不确定性对消费的影响不显著，而工资性收入、经营性收入、转移性收入均对消费产生正向影响，并且转移性收入的影响高于工资性收入，工资性收入的影响高于经营性收入。这是因为转移性收入是一笔“来之较易”的收入，因而容易消费出去，相较于经营收入，工资性收入具有一定期限内的稳定性，因而也为消费提供了一定保证。财产性收入波动对消费的影响不显著，其他收入不确定性都对消费有显著的负向影响。收入不确定性的增加增加了居民的预防性储蓄动机，收入不确定性对消费的负向影响验证了预防性储蓄理论的适用性。由于工资性收入及经营性收入目前仍是居民收入的主要构成部分，相比较转移性收入而言，其波动程度较小，对家庭的预防性动机影响较小，进而对消费的影响也较小；而转移性收入存在较大的不确定性，这种不确定性在较大程度上对消费起到了抑制作用。

表 2-6　不同来源收入不确定与消费—储蓄

	(1) 工资性	(2) 经营性	(3) 财产性	(4) 转移性
劳动收入	0.208***	0.052***	0.021	0.571***
	(2.61)	(5.54)	(2.62)	(1.83)
收入不确定	−0.008**	−0.001**	0.076	−0.006**
	(−2.88)	(−2.58)	(2.48)	(−2.39)
控制变量	控制	控制	控制	控制
_cons	−5.223***	0.199*	0.00597	0.421***
	(−13.77)	(1.67)	(0.17)	(3.21)
N	6028	6028	6028	6028

第六章　本篇小结

本篇首先对收入不确定下的消费与储蓄背景进行了介绍，然后引入了消费—储蓄理论的发展历程，并具体介绍了预防性储蓄理论相关模型。在理论指导下，对国内外有关预防性储蓄的实证研究进行了介绍，虽然研究结论总体上均支持收入不确定增加了预防性储蓄，降低了消费支出，但所用数据不同、实证方法不同、研究侧重点不同，因而本章利用中国家庭金融调查数据对中国家庭的消费—储蓄行为进行了补充。我们的实证研究从中国家庭整体收入不确定与储蓄、储蓄率的关系、不同来源收入及不确定性对消费的影响及收入不确定与储蓄、储蓄率的城乡差异三个角度进行研究，结果收入不确定确实促进了家庭预防性储蓄，并且除财产性收入不确定外，工资性、经营性、转移性收入不确定均抑制了消费，从而增加了预防性储蓄，由于城乡居民文化认知及金融体系发展差异的影响收入不确定对储蓄的影响存在城乡差异，收入不确定对农村居民预防性储蓄的影响并不显著。

针对以上研究结论，本章提出相关政策建议如下：

第一，通过增强政策的透明度和可预见性，降低收入不确定因素。由于我国仍处于不断改革和发展的阶段，决策者的有限理性和改革的非帕累托性质，使得一些政策和制度的制定是带有过渡性的短期行为，同时可能存在暗箱操作透明度不够，这便造成人们对未来制度不确定性的预期。正是鉴于此，消费者对未来难以预测，无法形成稳定性预期，从而不断为未来积累财富，进行储蓄以应对未来的不确定性支出。而储蓄的来源则主要是城镇居民的现期收入，储蓄的增加降低了现期的消费，这是导致城镇居民边际消费率长期偏低的主要原因。总之，应通过各种措施减少消费者对不确定性感受及悲观的预期，创造一个能使人们对未来持乐观预期的经济环境，从而降低储蓄率，使城镇居民增加现期消费，提高消费水平，促进经济发展方式的转型。

第二，扩大居民收入，扩宽居民收入来源，拓展居民收入渠道增强其未来确定性预期。稳定的收入预期是消费需求扩大的基础，要使城镇居民对未来有一个稳定的预期，根本举措在于增加收入。应大力发展第三产业，特别科技含量高的第三产业，创造更多的就业机会并吸纳中等收入阶层的进入，扩大城镇中等收入阶层人数。加快中小企业和民营经济的发展，增加多种形式的就业岗位，大力发展教育事业尤其是职业教育，增强中低收入者的劳动技能，提高其就业能力、工作能力和职业转换能力，进而提高其货币工资收入。除工资性收入外，随着居民收入来源的多元化，收入构成中经营性收入和财产性收入逐渐成为其收入的重要补充，是影响消费的重要因素之一，具有较高的边际消费倾向。而目前我国居民的经营和投资渠道虽已逐步拓宽，但还存在很多不足。因此应完善市场体系，为居民创造多种经营和投资渠道，增加居民的经营性和财产性收入。同时，应增加城镇中低收入者收入水平、加大对城镇低保户贫困户的补贴与救济，努力消除和尽可能降低城镇贫困人口。

第三，完善社会保障制度，稳定消费预期。如前所述，由于我国消费品市场价格波动存在，并且教育及医疗消费价格持续上升，不能给居民一个稳定的未来预期，因此增加了居民心理不安全感，这成为对未来不确定性感受的主要来源，是城镇居民储蓄率居高不下，制约其现期消费水平的重要因素之一。因此，政府在制定各项政策时应注重措施的长期作用与短期政策操作相结合，审时度势谨慎操作，尽可能考虑社会承受能力和各项改革措施之间的配套协作。同时要不断完善社会保障体系的建设，扩大城镇社会保障体系的覆盖面，完善养老、医疗保障及社会救济制度，保障城镇居民养老保险实现广覆盖、保基层、多层次、可持续，并加快扩大非公有制经济和个体经营人员的参保工作；同时建立起多保障模式、保障方式多样化、保障水平多层次的医疗保障体系，实现人人享有基本医疗卫生服务。通过社会保障措施矫正居民的支出预期，稳定收入预期，平滑居民家庭的支出，对降低城镇家庭对未来不确定性支出有着十分重要的积极作用，从而提高居民的消费水平，促进经济的发展。

第四，转变消费观念，完善消费信贷市场。目前，住房消费信贷及汽车消费信贷虽然在中国被消费者广为接受，但是其他消费信贷如综合消费信贷、教育信贷等并未发展起来。很多城镇居民的消费观念还未真正转变过来，一些人对借贷消费仍然难以接受。这一方面是传统思想的束缚，如“无债一身轻”等观念仍占据中国家庭的主导思想，另一方面与消费信贷市场不健全，信用体系不完善有关。因此，一方面，国家应不断完善信贷市场，如降低消费信贷成本、建立科学的个人信用评价体系、完善与信贷相关的法律法规等方式促进消费信贷的发展；另一方面，国家应不断加大消费信贷的宣传力度，引导居民转变传统的消费观念，从无债消费转变为适度负债消费，从滞后型消费转变为适当超前型消费，逐渐改变中国居民的消费方式，提高居民的消费水平。

第五，完善金融市场，促进金融产品创新，减轻流动性约束。一方面，银行应需完善和创新消费信贷工具，提供多样化个人理财产品，同时满足居民消费和收入增值需求。另一方面，银行应满足居民对信贷品种的多样性需求，重视消费信贷品种的开发，为不同收入阶层适宜的信贷产品；健全信贷的法律法规体系，完善个人资信评估制度，建立并健全各大商业银行间和各行业间的信用信息网络系统，增加个人违约成本。

第三篇

收入不确定与家庭资产配置

第一章　引言

现代金融市场给投资者提供了充分的投资选择。发达国家的家庭可以选择储蓄、货币市场基金、共同基金、债券和股票、带保险性质的金融产品如年金和衍生金融产品等，此外，还有流动性较差的资产如房地产、私营企业等。与此同时家庭金融研究也得到广泛发展，由于其为经济政策的制定提供了微观依据，因此也越来越受到学者们的关注。Campbell（2006）[2]认为家庭金融研究涉及的范围包括风险市场参与、资产配置决策、抵押贷款选择和家庭信贷约束等。而在我国，关于家庭资产配置的研究主要集中在三个方向，包括家庭资产配置的决定因素、家庭资产配置的多元化程度和配置的有效性。其中，资产配置的影响因素是非常重要的一个分支领域，尤其是对于经济转型的发展中国家而言，分析家庭资产配置的影响因素具有十分深刻的政策涵义。一方面，资产组合的优化程度对家庭的财产性收入和财富积累有重要影响（陈志武，2003）[63]；另一方面，资产优化配置有利于促进资本市场发展和金融体系优化。分析家庭资产配置的影响因素，可以通过政策工具有针对性的引导家庭优化资产配置，从而实现家庭收入来源多样化及财产性收入的增长，最终实现中国梦，增强人民幸福感。

面对不断创新的金融资产，家庭如何才能充分利用这些投资机会？家庭投资行为是否符合风险补偿及多样化等标准金融理论？如果它们偏离这些规则，这种偏差的成本是否适度，因此可以通过标准理论中忽略的相对较小的摩擦来解释，或者它们是否很大并因此难以合理化？家庭投资策略在多大程度上存在差异性？投资策略的差异是否与可观察到的家庭特征如年龄、教育、财富水平等相关？投资者如何将财富分配到各种资产中？尤其是随着我国改革进程的发展，劳动力市场不稳定及收入波动存在并由此导致个体对未来的不确定感加强。中国统计年鉴显示，2013—2015 年，城镇登记失业人口由 926 万人持续增长至 966 万人，城镇单位就业人员平均实际工资指数由 107.3 微涨至 108.5，并且上涨主要体现在国有部门，而城镇集体就业单位和其他单位分别由 112.2 和 108.2 跌至 107.4 和 106.2。在面临收入波动和不确定性的背景下，家庭资产配置更是在促进家庭财富积累，发挥资产的消费平滑功能实现跨期最优消费发挥了重要作用，同时家庭资产配置决策也更加复杂。

第二章　资产配置简介

1. 资产配置含义

资产配置 (Asset Allocation) 是指根据投资需求将投资资金在不同资产类别之间进行分配，通常是将资产在低风险、低收益证券与高风险、高收益证券之间进行分配。资产配置包括资产类别选择，投资组合中各类资产的适当配置以及对这些混合资产进行实时管理。因此资产配置的管理过程可以描述为按照投资者需求，自上而下选择各种资产类别、资产子类甚至具体证券组成的投资组合，然后管理这些组合以实现投资目标的过程。在资产配置名词出现之前，资产配置对于投资者来说等同于投资几十种股票、债券和现金等同物的多样化投资，其重点在于单个证券而不是整个投资组合。随着现代投资理论的发展，资产管理的中心由单个证券逐渐转为将投资组合作为一个整体来看，通过调整组合中股票、债券等资产比例，达到有效控制风险的目的。对于家庭而言，资产配置是家庭将自己拥有的货币资金通过对现有投资方式进行有效组合，以获取最大化经济利益的过程，对于金融机构而言，资产配置体现为一种综合金融服务，是指金融专业从业人员收集客户家庭信息及财务状况后，对客户的理财目标及风险水平进行评估，从而为客户制定合适方案的过程。投资者的需求由收益率—风险双元目标定义，在承担一定风险的条件下，实现投资收益最大化。投资者首先要决定将财富的多少投资在金融市场，然后再众多金融资产类别中分配财富。因此，李俊（2010）[64]从个人和家庭的角度出发，指出家庭资产配置的含义是家庭根据自己的实际情况以及各类资产的特征构建资产组合，以获取经济利益最大化。资产配置完成后，特别是随着关于金融资产收益风险信息的变化，投资者还要随着时间的推移相应调整资产组合。

2. 资产配置类别

资产配置是投资管理的一种基本手段，通过资产配置投资者确定其全部资金在各种可投资的资产类别上的分配比例，是投资管理中最基本的一个步骤。资产配置在不同层面有不同含义，从时间跨度和风格类别上看，可分为战略性资产配置、战术性资产配置和资产混合配置；从资产管理人的特征与投资者的性质上，可分为买入并持有策略 (Buy-and-hold Strategy)、恒定混合策略 (Constant-mix Strategy) 和投资组合保险策略 (Portfolio-insurance Strategy)。

Sharpe(1987)[65] 最早将资产配置决策分为三类：战略资产配置决策、战术资产配置决策和保险资产配置决策。他认为投资者在选择了可投资资产类别后，基于长期目标的实现制定了战略资产配置决策：投资者通过相关手段预测长期中资产期望收益率、风险和相关系数的参数值，利用最优化技术构造长期的资产组合，最优组合一旦确定，在整个投资期限内不再调节各类资产的配置比例；而战术资产配置决策的动机则来源于投资者不断寻求资产类别定价错误或失败：投资者通过预测短期中资产期望收益率、风险和相关系数的变化趋势来进行决策。陈志武（2003）[63] 认为战略资产配置和战术资产配置决策的显著区别在于战略资产配置决策要求投资者固定持有一个基于长期目标的组合，而战术资产配置决策要求投资者周期性的在评估资产组合，并适当对组合进行调整。Breanan et al.(1997)[66], Campbelland Viceira (2002)[67] 认为执行战术资产配置决策的投资者只关注单一期限内或短期内各资产的期望收益率、风险和协方差，并不考虑各资产关键参数的长期运行规律，投资者非理性的忽略了投资机会的变化，从而战术资产配置决策是一个短期决策；而战略资产配置决策为一个长期并且动态最优化调整的决策，投资者关注各资产关键参数的长期运行规律，并在投资期限内结合投资机会的时变特征对资产组合进行最优化调整。战略资产配置决策的目的是保证投资者的长期目标的实现，而不是为了获取短期收益率。战术资产配置决策时在实现投资者长期目标的基础上寻求短期的超额收益率：根据各资产的相对价值的变化适时调整资产组合。战略资产配置决策的任务是捕捉各主要资产类别长期中内在规律，而战术资产配置决策的任务是捕捉他们在短期中的波动特点。虽然学者们对这两个概念的理解和解释还没有形成一个统一的概念，但是有一点是大家公认的：一般都将服从于长期目标的资产配置决策称为战略资产配置决策，而将考虑短期目标的资产配置决策称为战术资产配置决策。战略性资产配置的时间跨度可能三五年甚至更长，这种资产配置方式重在长期回报，结合对各资产类别的长期收益率—风险参数值的预测，确定最能满足投资者长期目标的最优化资产配置，因此往往忽略资产的短期波动。而战术性资产配置以长期目标为出发点，投资者可以根据资本市场环境及经济条件对资产的短期收益率变化趋势的预测进行适时再平衡，从而增加投资组合价值的积极战略。

在确定了长期的资产组合后，任何特定的市场变动都会引发对初始资产组合的调整，这种调整可以通过战术性资产配置实现也可以通过动态资产配置调整。在完成长期资产组合配置后，投资者以长期目标为出发点，在锁定投资风险的同时为提高投资收益率改变投资组合内的资产配置比重，这一再平衡方法一般称为动态资产配置决策。通过对比可以发现，战术资产配置决策的重点在于获得尽可能高的短期超额收益率，而动态资产配置决策的重点在于锁定投资风险。Perold and Sharpe(1988)[68] 将动态资产配置决策分为四种执行策略：买入并持有策略、固定比例混合策略、固定比例投资组合保险和以期权为基础的投资组合保险策略。

买入并持有策略是指在确定恰当的资产配置比例，构造了某个投资组合后，在诸如 3~5 年的适当持有期间内不改变资产配置状态，保持这种组合。买入并持有策略是消极型长期再平衡方式，适用于有长期计划水平并满足于战略性资产配置的投资者。买入并持有策略适用于资本市场环境和投资者的偏好变化不大，或者改变资产配置状态的成本大于收益时的状态。固定比例混合策略也被称为恒定混合策略，是指保持投资组合中各类资产的固定比例。恒定混合策略是假定资产的收益情况和投资者偏好没有大的改变，因而最优投资组合的配置比例不变。恒定混合策略适用于风险承受能力较稳定的投资者。如果股票市场价格处于震荡、波动状态之中，恒定混合策略就可能优于买入并持有策略。投资组合保险策略是在将一部分资金投资于无风险资产从而保证资产组合的最低价值的前提下，将其余资金投资于风险资产并随着市场的变动调整风险资产和无风险资产的比例，同时不放弃资产升值潜力的一种动态调整策略。当投资组合价值因风险资产收益率的提高而上升时，风险资产的投资比例也随之提高；反之则下降。

因此，当风险资产收益率上升时，风险资产的投资比例随之上升，如果风险资产收益继续上升，投资组合保险策略将取得优于买人并持有策略的结果；而如果收益转而下降，则投资组合保险策略的结果将因为风险资产比例的提高而受到更大的影响，从而劣于买入并持有策略的结果。由于资产分散化无法规避系统风险，而投资组合保险策略不仅可以保证投资者规避系统下行风险，而且还具有分享市场上行时获得收益的机会。以期权为基础的投资组合保险通过支付一定的保险费用锁定市场风险，并享受追求市场上行收益的机会，因此该策略对于风险规避型投资者或市场不景气时是一种很好的投资策略。

3. 家庭资产类别

中国家庭金融调查将家庭资产分为非金融资产和金融资产两大类。具体而言，非金融资产包括生产经营用资产、房屋与土地资产、车辆及其他非金融资产；金融资产包括活期存款、定期存款、股票、债券、基金、衍生品、金融理财产品、非人民币资产、黄金、现金及借出款等。确定财富在各类资产的配置水平是资产配置决策的重要一环，对整个投资目标的实现具有重要影响。股票、债券和其他货币市场工具是传统意义上资产配置的主要工具，从 20 世纪 80 年代开始，基金、不动产、黄金、风险资本等也被纳入到了资产配置决策的工具箱。而资产选择范围的拓展主要归因于资产组合理论的发展。

在资产配置中，风险和收益成正比，因此投资者需要考虑不同资产的风险和收益状况。图 3–1 表明了各资产风险和收益状况，从图 3–1 中可以看出各资产风险由低到高分别为货币及货币等价物、政府债券、公司债券、房屋和土地、股票、基金等权益资本。

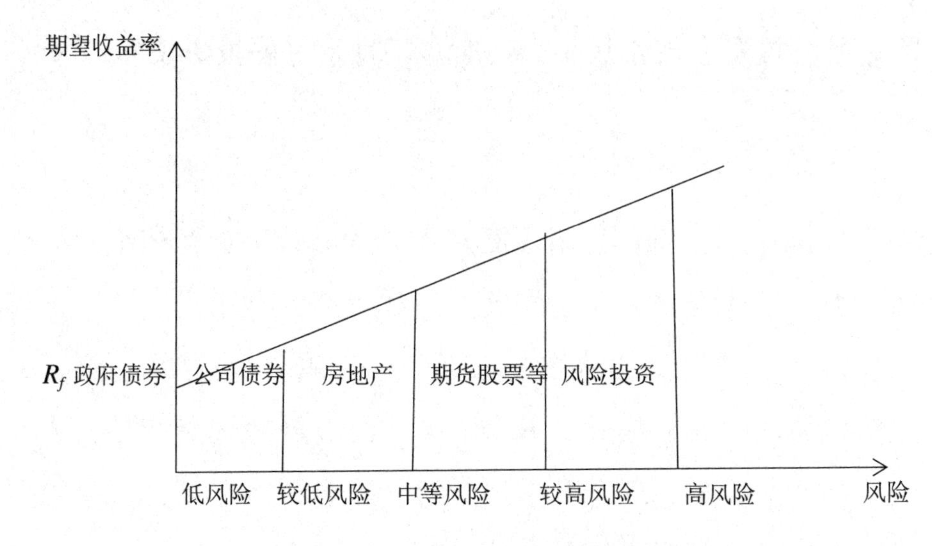

图 3-1　家庭主要资产风险收益关系图

Mankiw et al.(1997)[69] 总结了美国四家不同投资机构在 20 世纪 90 年代推荐的资产组合，该组合将投资者划分为保守投资者、稳健投资者和积极投资者，不同类型投资者有不同的资产配置比例。四家投资机构包括富达基金、美林证券、金融记者和纽约时报，它们发现的一个共同事实是保守型投资者的资产组合中债券 / 股票比率高于稳健投资者和积极投资者，见表 3-1。

表 3-1　推荐资产配置比例

投资机构	资产组合中各资产比例			债券 / 股票比例
	现金及等价物	债券	股票	
富达基金				
保守投资者	50	30	20	1.5
稳健投资者	20	40	40	1
积极投资者	5	30	65	0.46

续　表

投资机构	资产组合中各资产比例			债券 / 股票比例
	现金及等价物	债券	股票	
美林证券				
保守投资者	20	35	45	0.78
稳健投资者	5	40	55	0.73
积极投资者	5	20	75	0.27
金融记者				
保守投资者	50	30	20	1.5
稳健投资者	10	40	50	0.8
积极投资者	0	0	100	0
纽约时报				
保守投资者	20	0	40	1
稳健投资者	10	30	60	0.5
积极投资者	0	20	80	0.25

第三章 资产配置理论

从经济学理论上讲，最优投资组合是使得投资者在既定条件下获得最大期望效用的投资组合。不确定条件下投资者的期望效用大小，取决于两个方面：其一是投资组合的收益分布特性；其二是投资者在不确定条件下的偏好，即投资者的风险偏好。Markovitz(1952) 提出基于均值 —方差分析的投资组合选择理论后，“均值”和“方差”两个指标描述投资组合的收益分布特性的功能被广为接受，这使资产配置的建模成为可能。马克维茨均值—方差分析中的“均值”代表收益，“方差”代表风险，后人虽然对风险和收益的具体测量方法提出了质疑，但是基本上都接受了这个风险—收益二维度量框架。因此，资产配置的理论基础一般包括两个方面：其一是投资收益和风险的测度理论，其二是投资者风险偏好的测度理论。按照这个逻辑，本书将资产配置理论分为基于风险的资产配置理论和基于效用的资产配置理论，前者着重分析资产配置的收益和风险问题，后者着重分析投资者效用及风险厌恶系数。理论框架如图 3–2。

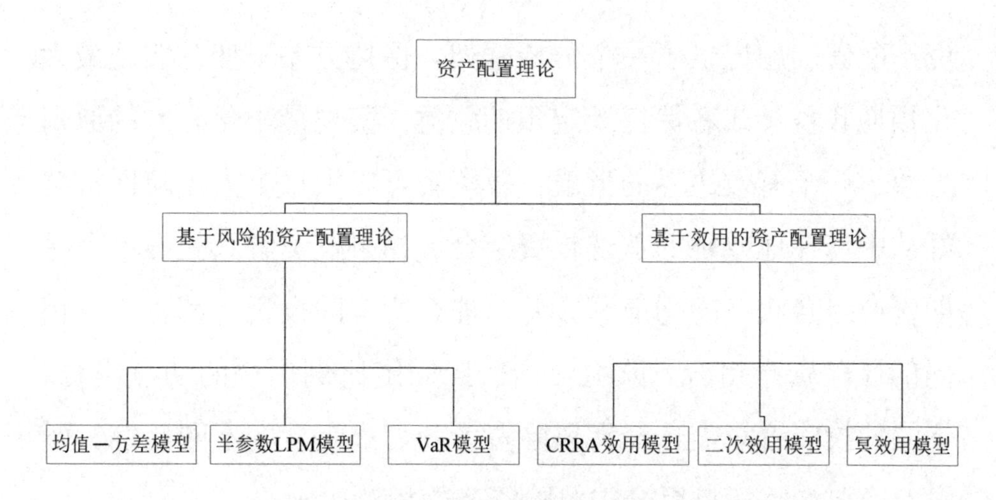

图 3-2　资产配置理论框架

1. 基于风险的资产配置理论

1.1 Markowitz 均值—方差分析

资产配置理论是一个发展较为成熟的理论。Markowitz 是现代资产配置理论之父，他首次使用期望、方差来刻画投资的收益和风险，将投资组合问题转化为资产组合的均值和方差的选择问题，标志着现代投资理论的诞生。1952 年，在《投资组合选择》一文里，Markowitz 假定投资风险可视为投资收益的不确定性，这种不确定性可用统计学中的方差或标准差来度量。在以方差为风险度量的基础上，理性的投资者在进行投资决策时追求的是收益和风险之间的最佳平衡，即一定风险下获取最大收益或一定收益下承受最小风险，因此通过均值—方差分析进行单目标下的二次规划，就可以实现投资组合中金融或证券资产的最佳配置（吴世农等，1999）[70]。均值方差分析为资产配置问题提供了一个分析框架。保持方差不变，实现最大化预期收益，或者保持既定预期收益，实现最小化方差的原则导致了一个有效边界的形成，投资者可以根据个人风险回报偏好从中选择他或她的首选投资组合。如果投资者只关心单个时期资产组合收益的均值和方差，那么所有的投资者都将选择相同的风险资产组合：风险资产按照固定比例形成的切点组合。不同的投资者只需选择无风险资产和切点组合的不同比例，而没有必要调整切点组合中风险资产的相对比例。

模型如下：

目标函数：$\min\sigma^2(p)=\sum_{i=1}^{n}\ \sum_{j=1}^{n}x_ix_j\operatorname{cov}(r_i,r_j)$

约束条件：$\begin{cases}E(R_p)=\sum_{\mathrm{i}=1}^{n}x_iE(R_i)\\ \sum_{i=1}^{n}x_i=1,x_i\ \geq 0,(\text{不允许卖空})\\ \text{或}\sum_{i=1}^{n}\mathrm{x}_i=1,(\text{允许卖空})\end{cases}$

其中，R_p 代表投资组合的预期收益率，σ_p 代表投资组合预期收益率的标准差，x_i $(i=1, 2, \cdots, n)$ 代表各种资产在投资组合中所占的比重，cov (R_i, R_j) 代表第 i 种资产和第 j 种资产收益率的协方差。

为了得出最优配置解，Markowitz(1956)[71] 又提出了临界线算法，使用二次规划问题对模型求解。均值—方差模型的产生、计算机技术和统计学的发展使得大量金融数据能够用于投资决策，资产配置理论开始由定性分析转入定量研究。尽管随着时间的发展新研究层出不穷，但均值方差理论仍旧是现代资产配置理论的基石。但该方法仍存在以下不足：

第一，Markowitz 均值—方差方法的前提是投资收益率服从正态分布，投资组合的收益分布特性必须用投资收益的概率分布函数或者概率密度函数来描述 。均值—方差方法是一种简化，在假定投资组合的收益率服从正态分布的情况下，只要均值和方差两个参数给定，分布函数也就唯一确定了，从而均值和方差两个参数就可以描述投资组合的收益分布情况了。如果投资组合的收益率不服从正态分布，均值和方差两个参数就不能完整描述投资组合的收益分布，基于均值—方差的投资组合选择模型也就不适用了。大量的实证检验表明证券收益率不一定服从正态分布，如 Fama（1970）[72] 对美国证券市场投资收益率分布状况的研究，基本否定了方差度量方法的理论前提——投资收益的正态分布假设；Kahneman&Tversky（1979）[73] 对风险心理学的研究则表明损失和盈利对风险确定的贡献度有所不同，即风险的方差度量对正离差和负离差的平等处理有违投资者对风险的真实心理感受，尤其是方差方法在衡量风险状况时的指标非独立，因此人们不断寻找新的方法来测度风险和收益。

第二，均值—方差模型分析是静态的资产配置，假设投资者只关心一期以后财富所面临的风险。然而实际上，大多数投资者，无论个人还是机构投资者，关心的都是长期的收益和风险，在多期的情况下资产组合选择问题更不容易处理。

1.2 LPM 模型

为了弥补方差分析忽略正离差和负离差对投资者心理不同影响的缺陷，解决方差方法的收益正态分布假设等问题，从而得到更符合现实状况的风险度量方法和更高效地获得投资回报的资产配置模型，引入了关注下方风险的半方差方法。该方法着重考察收益分布的左边，即损失边在风险构成中的作用，因此这种方法被称为 LPM 模型（Lower Partial Moments）。

一般模型：

在某个目标收益率 T 下，用 LPM 衡量一项投资的风险，其离散情形的表达式为：

$$LPM_{\mathrm{n}}=\sum_{Rp}^{T}Pp(T-Rp)^{n}$$

其中，P_p 是收益 R_p 的概率；$n=0$、1、2, n 取值的不同，反映在 LPM 的不同含义上。当 $n=0$，LPM_0 为低于目标收益值的概率；当 $n=1$, LPM_1 为单边离差的均值，称做目标不足 (Target Shortfall)；当 $n=2$, LPM_2 为目标半方差 (Target Semivariance)。

在所有基于 down-side risk 度量风险的方法中，最具代表性并形成较成熟理论体系的是哈洛的 LPMn 模型 (Harlow, 1991)[74]。

$$M\mathrm{in}LPM\mathrm{n}=\sum_{Rp=-\infty}^{T}Pp(T-Rp)^{n}\ (n=0,1,2)$$

$$st.E(Rp)\geqslant R_0$$

$$\sum_{i=1}^{n}Wi=1$$

虽然用 Dow nside-Risk 方法度量风险以及建立在其基础上的 LPMn 资产配置模型远不及 Markowitz 的均值—方差模型在资产配置理论中的开创性地位，但该风险度量方法及模型却更符合投资者的真实感受，理论假设也更加放松，收益并不需要符合正态分布，因此在现实应用中的价值更大。

1.3 VaR 资产配置模型

VaR 全称 Value -at -Risk，字面意思为风险价值，是在特定持有期间和给定置信水平下，任何一种金融工具或投资组合在正常的市场波动情况 (即给定的概率分布) 下，所面临的潜在的最大损失。*VaR* 是 20 世纪 90 年代后国际上发展起来的一种卓有成效的风险量化技术。

VaR 模型设定：

$$VaR = E(W) - W^*$$

$$W = W_0[1 + R(H)]$$

其中，W_0 为风险资产的初值、R（H）表示目标时间区间 H 上的收益率。W^* 为给定置信水平 C 上的资产最低价值，可由下面两式求得：

$$c = \int_{w^*}^{\infty} f(w)dw \qquad 或$$

$$1 - \mathrm{c} = \int_{-\infty}^{w^*} f(w)dw = P(w \leqslant W^*) = p$$

由于 *VaR* 又分为绝对 *VAR* 和相对 *VAR*，因此在上式基础上可得：

$$绝对\ VaR = -W^*$$

$$相对\ VaR = E(W) - W^*$$

基于 *VaR* 的资产配置模型可以描述为：

$$\text{Min } VaR$$

$$\text{S t. } E(R) \geqslant R_0$$

$$或\ \text{Max } E(R)$$

$$\text{S t. } VaR \leqslant VaR_0$$

VaR 方法对收益测度没有改变，仍然是用期望收益率作为收益的度量，而对风险的度量既考虑了损失也考虑了损失发生的概率。其对风险的度量方式与投资者对风险的心理感受非常接近，它涵盖了不确定性和损失这两个公认的风险特征，可用于刻画损失规避 (loss aversion) 等行为特征。此外，置信度水平的选择也在一定程度上反映了投资者主观方面的信息，因此，VaR 与行为经济学在理论与实践两方面都达到较好的一致性（姚京等，2005）[75]。其优点在于：第一，可以用来简单明了表示市场风险的大小，没有任何技术色彩，没有任何专业背景的投资者和管理者都可以通过 *VaR* 值对金融风险进行评判；第二，可以事前计算风险，不像以往风险管理的方法都是在事后衡量风险大小；不仅能计算单个金融工具的风险，还能计算由多个金融工具组成的投资组合风险，VaR 度量风险的优势在于它是一种各种头寸和风险因素可以通用的度量方法，可用来度量股票、债券以及各种衍生品的风险，从而提供了一种风险的比较标准，有利于投资机构有效地控制总体风险（刘洋等，2007）[76]，这是传统金融风险管理所不能做到的。但 VaR 方法的缺陷是只能度量市场正常波动情况下的风险，因此市场发生重大变动令投资者遭受的损失可能远远大于 VaR 模型的预测值。这就要求用压力测试和情景分析法作为 VaR 的补充。

2. 基于效用的资产配置模型

2.1 期望效用理论

Von Neumann & Morgenstan(1944)[77] 提出了期望效用理论，该理论在市场有效性和投资人完全理性假设条件下，指出投资者根据期望效用最大化原则进行决策。自 Markowitz 均值—方差模型问世，传统仅考虑收益的投资方式被考虑风险—收益双重指标所取代，投资者往往在期望收益和风险之间进行权衡。即便假定投资者同质（Homogeneous），资产的风险水平相同，但由于不同投资者具有不同的主观风险厌恶水平，投资者也会根据其个人偏好选择适合自身的不同资产组合。经过 Friedman 和 Fama 等多位学者的不断发展与完善，期望效用理论已经成为处理不确定性下决策问题的分析范式，成为现代主流金融学最重要的也最常用的研究模板。在其基础上，资本资产定价理论、套利定价理论和期权定价理论等一系列经典理论发展起来，这些金融理论体现了经济学的“理性范式”：假定投资者理性，并且均为风险厌恶者，按照效用最大化原则进行投资决策。在充满不确定性的现实环境中，期望效用理论将传统的均值—方差模型转化为求解期望效用最大化模型，从而资产组合或资产配置问题则转化为了在投资者的效用由期末财富水平决定的假设条件下的效用最大化问题 (Ingersoll and Jonathan, 1987 ; Green et al.,1995; Gollier, 2001) [78]~[80]。模型表示如下：

$$\max E_t U(W_{t+1})$$

$$s.t \rightarrow W_{t+1} = (1+R_{p,t+1})W_t$$

其中，$U(W_{t+1})$ 为标准凹效用函数，图 3–3 假定投资者拥有的初始财富为 W_1，期末财富为 W_2，确定性等值为 $E(W)$。如图，由于确定性等值 $E(W)$ 的效用高于不确定情况下的效用，即 $U(W) > 1/2U(W_1) + 1/2U(W_2)$。可知投资者偏好确定性结果，拒绝不确定赌局。如果要让投资者承担更多的风险，则必须要给予投资者一定程度的补偿，即风险溢价，其效用等于 $U(W)-[1/2U(W_1) + 1/2U(W_2)]$。

2.2 风险厌恶系数

由于期望效用理论考虑了投资者不同的风险厌恶水平，故有必要对风险厌恶系数进行介绍。投资者风险厌恶水平的测度效用曲线的弯曲程度决定着投资者的风险厌恶水平，由效用函数对财富 W_{t+1} 求二阶导数来衡量。主要风险测度指标则可分为绝对风险厌恶系数（CARA）和相对风险厌恶系数（CRRA）。

绝对风险厌恶系数测度的是投资者对于获得或损失一给定财富数量的公平赌局的规避程度，它一般被认为是关于财富的减函数，或至少为常数。相对风险厌恶系数测度的是投资者对于获得或损失一给定财富相对比率（或百分比）的公平赌局的规避程度。在资产组合选择问题研究中一般假设相对风险厌恶系数独立于财富水平，恒为常数。投资者风险态度或风险厌恶水平的测度方法如下：

绝对风险厌恶系数：$CARA(W) = -\frac{U^{''}(W)}{U^{'}(W)}$

相对风险厌恶系数：$CRRA(W) = -W\frac{U^{''}(W)}{U^{'}(W)} = W.CARA(W)$

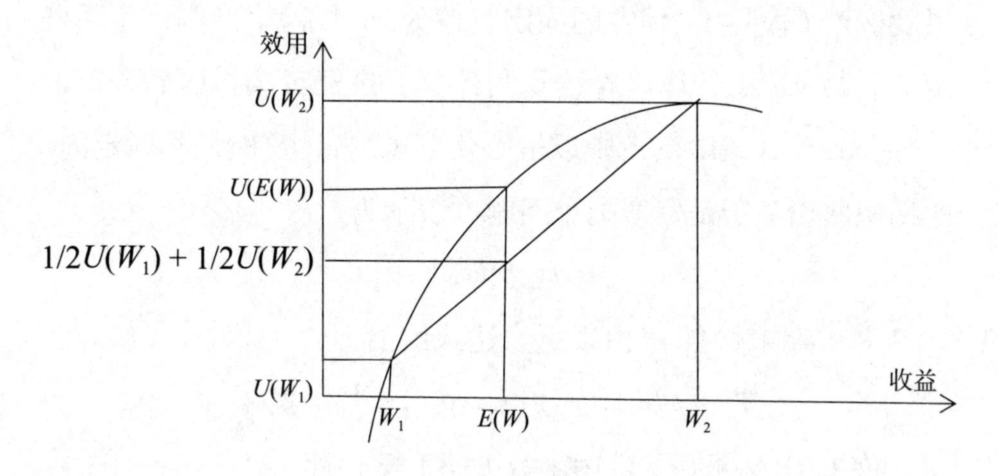

图 3–3　凹型效用函数

2.3 常用效用函数

常见效用函数包括仅考虑单期的期末财富最大化的效用函数和考虑跨期效用最大化的效用函数，如二次效用函数、幂效用函数、指数效用函数、生命周期效用函数等，还包括行为金融中的 CRRA 效用函数、LA、DA 效用函数。以下以 CRRA 效用函数、二次效用函数和冥效用函数为例进行简要介绍。

2.3.1 CRRA(常相对风险厌恶) 效用函数

CRRA 是新古典框架下的标准分析模型，是以理性人假设为基础发展起来的。其理论主要包括两大内容，一是投资组合选择与资产定价理论，另一部分是有效市场假说。其继承了主流金融理论的基本假设，包括投资者是理性的，市场是完善的，投资者追求效用最大化以及理性预期等，使得数理论证成为可能。

设投资者的原始财富为 W_0，考虑一个风险资产和一个无风险资产 (债券)，债券的固定收益为 r，风险资产则产生不确定的收益 y，二者均以连续复利计算。投资者选择原始资产的一部分 α 投入风险资产中以最大化期末财富 W(W 是不确定的) 的期望效用。于是资产配置问题可表示为

$$\max_{\alpha} E[U(W)]$$

其中期末财富 W 由以下表达式给出

$$W = \alpha W_0(\exp(y) - \exp(r) + W_0 \exp(r)$$

在 CRRA 偏好下效用函数 $U(W)$ 表示为

$$U(W) = (W^{1-\gamma})/(1-\gamma)$$

其中 y 代表风险厌恶系数。在实践中，Mehra & Prescott (1985) [81] 认为 CRRA 模型不能较为实际的解决资产配置中的“股票溢价之谜”。

2.3.2 二次效用函数

二次效用函数顾名思义，效用为财富及其二次项的函数。在二次效用函数中，投资者追求效用最大化时，不需要对收益分布进行假定，模型表示如下：

$$U(W) = \mathrm{a}W - bW^2$$

风险厌恶系数为：

$$CARA(W) = \frac{2b}{a - 2bW}$$

$$CRRA(W) = \frac{2bW}{a - 2bW}$$

可见，二次效用函数的绝对风险厌恶系数和相对风险厌恶系数均随财富增加而增加。

2.3.3 幂效用函数（Power Utility）

幂效用函数也被称为等弹性效用函数（Iso-Elastic Utility），用模型表示为：

$$U(W) = \frac{W^{1-\gamma}}{1-\gamma}, W > 0,\ \gamma > 0,\ \gamma \neq 1$$

该效用函数假定资产收益服从对数正态分布，在多期问题中，资产收益仍然服从对数正态分布，但各资产类别组成的资产组合收益不服从对数正态分布。

幂效用函数的绝对风险厌恶系数为：$CARA(W) = \dfrac{\gamma}{W}$

相对风险厌恶系数为：$CRRA(W) = \gamma$

幂效用函数特点就在于绝对风险厌恶水平随财富递减，相对风险厌恶水平独立于财富水平。而且，幂效用投资者的边际效用随财富水平递减，这与经验事实相吻合。并且资产收益对数正态分布的假定在计算资产组合选择问题时也极大地简化了研究难度。出于上述原因，正如我们上面所看到的，目前投资者资产组合选择问题的绝大多数研究运用幂效用函数形式，比如 Brandt (1999)、Sahalia & Brandt (2001)、Barberis (2000)、Munk (2003) 等 [82]~[85]。

第四章 收入不确定与家庭资产配置的相关文献

1. 关于家庭资产配置

古典资产选择理论是在完全市场假设下发展起来，而信息制约致使大多数家庭无法确保其劳动收入，由于劳动收入是一个家庭最重要的收入来源，因此激励了学术界对完全市场假设的再思考，这导致了大量与古典理论不相符的结论。Drèze & Modigliani (1972)[36] 注意到收入不确定的一个重要后果是资产组合和劳动力市场决策都受到影响，但关于收入不确定影响家庭资产组合的方向并未达成一致结论。Kimball (1993)，Gollier and Pratt (1996)[86][87] 的研究指出当风险厌恶家庭面临超出其控制能力的背景风险时，他们会尽量避免其他风险以调整他们渴望的总风险敞口，在其他条件不变时，当劳动收入不确定时，风险厌恶家庭受劳动力市场不确定影响更大，因此会选择退出股票市场以避免金融风险。而 Arrondel & Masson（2003）[88] 的实证研究则得出了完全相反的结论，他们发现面临就业风险的家庭在给定风险规避水平下也拥有更多风险资产。并且由于暂时性收入而带来的收入波动对持有风险资产的概率具有积极效应，风险最高的家庭也可能拥有风险较高的投资组合（Arrondel&Lollivier，2004）[89]。

随着我国家庭微观数据库的丰富，对我国家庭资产配置的研究日渐丰富。不少学者研究了人口与家庭统计特征对家庭资产配置的影响，王琎等（2014）[90] 利用 2009 年和 2012 年的中国居民家庭投资状况问卷调查数据，实证表明女性决策者更倾向于投资风险资产，已婚女性比单身女性更倾向于投资风险资产，并且婚姻对中等收入家庭资产配置的影响最大。吴卫星等（2011，2016）[91][92] 研究了投资者的健康状况对家庭风险资产比重的影响，并且发现家庭结构影响家庭资产配置，独代居住的家庭和有未婚子女的家庭更倾向投资于风险资产。人口和家庭统计特征实质上反映了家庭人力资本变动风险对资产配置的影响，潘虎（2010）[93] 认为人力资本的价值在市场环境下总是处于波动之中，并且和物质资本之间具有高度风险相关性。因此，在生命周期不同阶段，应配置不同家庭资产结构以对冲人力资本风险。除去人力资本风险，家庭收入风险对资产配置的影响也受到了深入研究，李昂等（2016）[94] 基于 2012 年中国家庭追踪调查数据，并通过家庭所在省份人均 GDP 增长率的波动来衡量劳动收入风险，结果证实参与养老保险的家庭收入风险会显著地挤出金融风险，而未参保家庭对收入风险并不敏感。陈莹等（2014）[95] 利用江苏某银行提供的包含 13000 个客户资产配置的详细资料发现，收入风险对家庭风险资产配置的影响呈现非线性关系，房产风险对风险资产配置的影响则表现为挤出效应，但其用收入数量来表示收入风险的做法值得商榷。胡振和臧日宏（2016）[96] 根据受访者主观感知的收入稳定性确定收入风险，研究发现收入稳定性越低，家庭通过金融教育参与风险金融投资的概率越高。张兵和吴鹏飞（2016）[97] 以非农劳动力比例，自有房屋数量度量家庭收入风险，发现非农劳动力比例越高、自有房屋数量越多的家庭收入风险越低，越倾向于持有更多的非存款类金融资产，投资品种也更多样化。周京奎（2012）采用2002年中国城市住户调查数据，并以失业不确定度量收入不确定，实证发现收入风险降低了居民获得自有住房的能力，收入不确定性降低了基本住宅需求水平，但对改善型住宅需求规模则没有显著影响。以上研究表明，我国目前对背景风险尤其是收入风险的度量并未达成共识，因此对收入风险影响家庭资产配置的结论也大相径庭。

2. 关于家庭金融资产投资

2.1 金融资产投资的影响因素

根据均值—方差理论和资本资产定价模型（CAPM），投资者应将其金融财富分配给市场上所有可用资产，从而实现多元化投资组合。具有高风险规避的投资者更倾向于多元化投资组合，其中具有适度预期收益的投资组合具有较高的预期回报，因为多样化降低了与个别资产收益差异相关的投资组合风险。然而，许多实证研究发现投资者的投资组合构成差异很大，而且很大一部分私人投资者持有的投资组合不足，投资者尤其是家庭投资者往往持有由少数无风险资产组成的不完整投资组合 (Hochguertel et al., 1997; Yunker and Melkumian, 2010)[98][99]。大量的实证研究旨在了解为什么如此多的家庭投资者持有不完善的投资组合，影响家庭投资组合的因素是什么？文献对欠多元化投资组合的发生率提供了许多解释。Guiso et al.（2008）[100] 对“股市参与之谜”提出了一个新的解释，在决定是否购买股票时，投资者面临被欺骗的风险。这种担忧并不仅仅是股票存在的客观特征，也与投资者主观特征相关。信任程度低的人比较不会购买股票，即便购买也买的较少。这一观点不仅解释了美国富人投资者缺乏股市参与的重要原因，通过对德国、意大利及国际微观数据的实证研究也得到了论证。董俊华等（2013）[101] 将信任进行了区分，包括对社会上绝大部分人的信任，对上市公司的信任，对政府的信任，对媒体的信任，对金融机构的信任，对其他中介组织 (如律师事务所、会计师事务所等) 的信任。实证结果发现，六个对不同群体信任程度的变量中，只有对上市公司信任程度这一变量对家庭股票市场的参与率有显著的正向的影响，即随着家庭对于上市公司信任程度的提高，家庭会更倾向于参与股票市场投资。而家庭对其他群体的信任程度对家庭股票市场参与率没有显著的影响。孟亦佳（2014）[102] 采用中国家庭追踪调查（CFPS）数据，采用字词识记能力和数学能力这两个维度来衡量认知能力的大小，研究了认知能力对中国城市家庭金融市场参与和家庭资产选择的影响 。研究结果表明：在控制了受教育年限和金融知识水平的情况下，字词识记能力和数学能力的增加都会推动城市家庭参与金融市场，并增加城市家庭在风险资产尤其是股票资产上的配置比例。罗靳雯、彭湃（2016）[103] 利用微观调查数据，实证研究发现教育水平对家庭金融资产投资参与概率、金融资产配置、投资收入、投资收益率都有显著正向影响。随着教育程度的提高，家庭投资风险资产的可能性越大、风险资产配置占比更高、投资收入和收益率也会提高；家庭财务决策者的教育水平对其认知能力具有补偿效应，教育水平的提升缩小了由认知能力差异造成的金融投资行为和结果的差异。肖忠意、赵鹏、周雅玲（2018）[104] 运用 2013 年中国家庭金融微观调查数据研究了农户主观幸福感的决定因素及幸福效应对农户家庭金融资产选择的影响。结果显示，主观幸福感的提升，一方面对家庭储蓄参与概率影响为负，对商业保险参与概率的影响为正，但与股票的关系不显著；另一方面对于储蓄持有比重的影响为负，对商业保险持有比重的影响不显著，而与股票的持有比重也显著为负。进一步机制作用检验结果发现，主观幸福感能够与风险偏好和创业行为产生交互作用，以此影响农户家庭金融资产参与概率和持有比重。家庭金融市场参与研究是家庭金融研究的开端。肖作平、张欣哲（2012）[105] 以中国社会科学院 对全国民营企业家金融投资活动所做的调查数据为研究对象，理论和实证分析了制度及人力资本对家庭金融市场参与活动（包括市场参与的几率和市场参与深度）的影响。研究发现 :（1）制度因素中的集体主义文化与金融市场化水平，以及人力资本中的教育水平与性别因素对家庭金融市场参与的几率发挥着显著的正面影响；（2）制度因素中的集体主义文化与金融市场化水平，以及人力资本中的教育水平、性别与投资者情绪对家庭金融市场参与深度发挥着显著的正面影响；（3）女性风险规避的认知特点使得男性的市场参与几率显著高于女性，但在市场参与深度方面，男女之间并无表现出显著差异。虽然这些文献从投资者个体特征及制度环境角度解释了一部分“股市参与之谜”，但更多的文献则将这一现象归因于投资者的风险偏好：Campbell 等人（2003）[106] 的一项理论研究表明，持有多种资产的概率可能是风险规避的驼峰形函数。具体而言，具有中等风险规避水平的个人预计会持有多种资产，包括风险投资。相比之下，极度厌恶风险和风险偏好的投资者应该持有较少多元化的投资组合。Gomes 和 Michaelides（2005）[107] 制定了一个跨期投资组合选择模型，投资者面临两种投资组合选择模型，由无风险资产和风险资产组成的投资组合以及仅由无风险资产组成的投资组合。分析结果表明，随着风险厌恶的增加，持有两类投资组合的概率也增加。这是因为风险厌恶的投资者更加谨慎，因此更有可能积累财富，而大量财务资源的可用性促使投资者获得额外资产。相反，风险偏好的投资者倾向于积累很少的财富，因此他们中的大多数没有足够的手段来支付市场参与的固定成本，因此只持有无风险资产。Kelly（1995）[108] 根据投资组合中持有的不同股票的数量来衡量投资多元化，使用 1983 年消费者财务调查的数据，作者发现了风险规避对富人投资组合中持有的股票数量的负面影响。随着我国微观金融数据库的构建，对中国家庭资产选择的行为研究也日渐丰富。胡振、臧日宏（2016）[96] 基于中国城市居民消费金融调查数据，研究了风险态度、金融教育对家庭金融 资产选择和家庭金融市场参与的影响。结果发现，风险态度显著影响家庭金融资产组合分散化程度，风险厌恶程度越高，金融资产组合分散化程度越低。风险态度对家庭正规金融市场参与有显著影响，风险厌恶程度的提高会显著降低家庭在股票、基金、债券、储蓄性保险市场的参与概率，风险厌恶程度增加一单位，家庭参与股票市场的可能性会降低 10.5% 。风险厌恶程度对股票、基金、债券、储蓄性保险资产在家庭金融资产中的比例具有显著的负向影响。

Kimball (1993)[86] 在适当风险厌恶概念上，提出了一个普遍框架来研究背景风险和其他风险的交互作用。在这个框架下，在一个静态投资组合模型下，收入风险增加使得家庭不愿意承受一定比例的收益风险，因此降低了对风险资产的需求，即使背景风险和风险资产是独立的互不相关的。这个结果在多期环境下也成立。通过模拟，Bertaut and Haliassos (1997) [109] 研究了收入风险和股票持有风险下的多阶段消费资本资产定价模型，他们发现收入风险降低了对股票的需求但增加了对无风险资产的需求。收入风险也影响借贷约束和家庭资产组合的关系，具体来说，流动性约束越紧，按时个体拥有零净值金融资产。但是考虑一个收入风险约束下的消费者的投资组合，不是在当前受到流动性约束，而是期望在未来受到约束。收入风险包含不确定的流动性需求，如果风险资产和流动性较差资产存在交易成本，如果需要非流动性可能导致资产实现不足。Hyeng Keun Koo (1991)[110] 模拟了存在外生借贷约束，收入风险和投资回报风险的条件下的多阶段消费和投资组合选择模型，他发现预期会受到流动性约束的家庭持有更少的风险资产，如：借贷约束效应强化了收入风险的影响。不可规避的收入风险和流动性约束预期降低了风险资产的最优投资。

2.2 劳动收入与金融资产投资

背景劳动收入风险与投资组合选择之间关系研究的基石是直观的观念，即被迫承担一种风险的投资者往往会回避另一种风险，即使风险是独立的。两个理论工作已经形成了这个概念并导出了相应的偏好条件。Pratt 和 Zeckhauser（1987）[111] 将这一概念形式化为“适当的风险规避”，这意味着承担一种不良风险会使代理人不太愿意承担不良的独立风险如果风险降低了预期的财富效用，则风险是不可取的，如果提高财富的预期边际效用，则风险会加剧。Kimball（1993）将这一概念正式化为“标准风险厌恶”，这意味着承担一种风险使得代理人不太愿意承担另一种独立风险。

在跨时间环境中，关于背景劳动收入风险对投资组合选择的影响的分析结果来自 Samuelson（1969）[112] 和 Merton（1969）[113] 的开创性文章。虽然这两个模型都是从劳动收入中抽象出来的，但随后的工作将不可保险的劳动收入风险引入框架。一系列文献遵循 Merton 采用连续时间框架并推导出最优消费和投资组合规则。Merton（1971）[114] 通过分析一个面临无法承受的劳动收入风险的持续绝对风险规避的投资者，从完整的市场框架迈出了第一步。Bodie，Merton 和 Samuelson（1992）[115] 假设风险资产收益率和工资率遵循完全相关的布朗运动。这种假设使得非交易随机未来劳动收入等同于可交易人力资本，其资产价值适用于或有债权分析。他们的投资组合规则意味着工资收入风险导致投资者减少对风险金融资产的需求—收入风险，投资者将未来收入资本化为更高的贴现率（财富效应），并将人力资本视为风险更高（替代效应）。Koo（1999）构造具有无限视界、流动性约束和以布朗运动为特征的劳动收入的模型。投资组合规则表明，即使劳动收入风险独立于资产收益，投资者也会为每种风险资产分配较小比例的金融财富。文献的另一部分遵循 Samuelson（1969）采用离散时间框架。该文献近似于经验校准环境下的最佳消费和投资组合规则。Heaton 和 Lucas（1996）[116] 考虑了具有交易成本和卖空限制的无限期模型。他们表明，当风险资产收益和劳动收入不相关且风险厌恶程度较低时，投资者将其全部金融财富分配给风险资产，并且在受到额外的大量与风险资产回报率正相关的劳动收入冲击时继续这样做。他们的主要观点是，在他们的环境中，人力资本在很大程度上是投资者的无风险资产，并且它在投资组合行为中占主导地位。Heaton 和 Lucas（2000）[117] 认为高度风险厌恶的投资者并根据高度不稳定的专有收入数据调整劳动收入风险。在这种情况下，劳动收入风险和劳动收入与风险资产收益之间的正相关往往会降低风险资产投资。Koo（1999）的研究结果则表明劳动收入风险和流动性约束都降低了风险资产需求。在有限的时间范围内，Cocco、Gomes 和 Maenhout（2005）[118] 比较了许多情景下的投资组合规则：劳动收入风险校准到农业、建筑、公共管理和无风险的假设部门；投资者面临零收入和不确定退休收入的风险。他们还研究了投资组合规则如何随劳动收入和风险资产收益之间的相关性而变化。他们的结果表明，劳动收入的波动性及其与风险资产收益率的正相关性都降低了风险资产在金融投资中的份额。在具有随机退休和死亡的模型中，Viceira（2001）[119] 得出了类似的结论，他表明效应的大小取决于相对风险厌恶程度。大多数文献都假设一个随机的劳动收入过程，这意味着劳动收入仅受永久性冲击的驱动。许多研究人员已经考虑了由永久性和暂时性冲击驱动的更现实的劳动收入过程，并调查了永久性和暂时性收入风险的不同影响。Koo（1999）从经验校准的随机游走过程开始，评估了提高冲击方差的效果，并增加了随机收入冲击，随机导致总收入降至零。他的结果显示，永久性收入冲击的方差增加导致股票持有量显著减少，但暂时性收入风险的影响很小。Bertaut 和 Haliassos（1997）在生命周期模型中得出了相同的结论，其中具有遗产动机的投资者进行长期投资组合和储蓄决策。Letendre 和 Smith（2001）[120] 使用 DP-GMM 算法近似最优决策规则，也就是说，通过将 GMM 应用于欧拉方程和模拟的收益和收入数据来估计它们。他们的结果表明，永久和暂时的劳动收入风险降低了风险资产需求。然而，估计投资组合规则的较大标准误差使他们得出结论认为，根据经验来衡量效果具有挑战性。与丰富的理论文献相比，只有少数实证研究测试或衡量了收入风险对投资者风险资产份额的负面影响。使用 1989 年意大利银行家庭收入和财富调查，Guiso 等人（1996）[121] 发现主观收入风险对风险资产份额的显着负面影响，其收入风险度量是根据调查数据构建的主观概率分布的下一阶段收入增长的方差。Heaton 和 Lucas（2000b）[122] 使用个人纳税申报分组，发现自营收入风险降低了投资者投资组合中风险资产的份额，其使用面板收入数据来计算收入增长的标准差，并将其用作收入风险度量。

根据现代投资组合理论和资本资产定价模型（CAPM），投资者应将其金融财富分配给市场上所有可用资产，从而实现多元化投资组合。Calvet et al (2007)[123] 指出发达国家的家庭可以在银行账户、货币市场基金、债券基金、股票共同基金、个人债券和股票、具有年金和资本保险基金等保险特征的金融产品以及衍生证券中积累流动性财富。尽管有 CAPM 的预测，但许多实证研究表明投资者，尤其是家庭投资者，经常持有不完全资产组合。大量消费者并未拥有风险资产（Mankiw&Zeldes，1991；Haliassos & Bertaut，1995）[124][125]，金融市场存在"有限参与之谜"。有限的金融市场参与对个人福利和股权溢价之谜的解释具有重要意义，Cocco et al.（2005）

计算出，不参与股票市场的福利损失可能很大，占据总消费的1.5~2%。一方面，Merton（1987）[126]指出高搜索成本、进入成本以及交易成本是导致投资组合多样化不足的原因。Vissing-Jorgensen（2002）[127]的实证研究表明，小的进入成本可以使股票市场参与率合理化。生命周期与资产选择的相关研究表明风险资产持有量在年轻时通常较低，然后在生命周期中增加或呈现出驼峰状态（Faig & Shum，2002）[128]，这是由于当积累了足够的财富时，使得利益足够强大以保证支付金融市场参与成本。另一方面，虽然均值方差分析指出风险厌恶程度高的投资者应该更倾向于具有中等和高等预期收益的多元化投资组合，但 Barasinska et al.（2012）[129]的实证研究结果却表明，更多风险厌恶家庭倾向于持有不完整的投资组合，主要包括少数无风险资产，并且投资其他资产的倾向在很大程度上取决于是否满足流动性和安全需求。收入越高，个体风险厌恶水平越低，因此家庭收入的增加可以通过减少风险厌恶水平促进风险金融资产投资。事实上，Campbell（2006）[2]在公共股权市场参与和投资组合构成的研究中已经证实收入和教育都会对家庭财务选择产生重大影响。我国近来对家庭金融资产选择的研究日渐丰富，郭士祺和梁平汉（2014）[130]实证指出家庭收入与家庭资产正向影响股市参与，尹志超等（2015）[131]也发现家庭收入和家庭净资产均正向影响股票市场参与和广义金融市场参与。吴卫星和李雅君（2016）[92]进一步明确指出家庭财富不仅对储蓄与投资概率有正向影响，还对储蓄与投资比例有正向影响。

2.3 收入不确定风险与金融资产投资

收入不确定作为影响家庭金融投资的一种最重要的背景风险得到了深入研究。Merton（1971）[114] 表明，在没有任何背景风险的情况下，理性投资者应在股票中投入一定比例的财富，但当风险厌恶家庭面临无法控制的背景风险时，他们则愿意减少其他可避免的内生风险以调整他们期望的总风险敞口（Pratt & Zeckhauser,1987；Kimball，1990）[111][37]，因此不可保险的收入风险会降低投资者投资组合中风险资产的份额（Bertaut & Haliassos，1997；Elmendorf& Kimball，2000）[109][132]。Guiso et al.（1996）[121] 发现意大利家庭由于收入风险上升减少了对风险资产的需求，Vissing-Jorgensen（2002）[127] 发现美国家庭"背景风险"对股票市场参与具有负面影响。在横截面数据中，"收入风险"通常通过询问未来收入情景的不同概率的主观问题来衡量，Souleles（1999）[133] 使用密歇根州消费者情绪调查来开发有关感知收入风险的直接信息，并利用消费者支出调查，将消费增长率的标准差作为收入风险的代理变量，考察收入风险对资产组合的影响。时间序列数据则使用过去的收入差异来衡量，Luis（2005）[134] 通过构造收入方程并使用收入实现的方差作为收入风险的代理变量，Hanappi et al.（2017）则通过"失业风险"来度量收入不确定。所有这些论文都假设更高的劳动收入风险降低了对风险资产的需求。Guiso, Jappelli and Terlizzese (1996)[121] 利用意大利银行家庭收入和财富数据

(SHIW)，Haliassos and Bertaut (1995)[124] 采用美国消费者金融调查数据将教育和职业作为收入风险的代理变量。所有这些文章发现劳动收入风险越高，对风险资产的需求就越低。Guiso and Jappelli (1998)[135] 调查了劳动收入对保险需求的影响。利用SHIW 数据，他们发现高收入风险的家庭更容易买健康或意外保险。并且，一旦购买保险，高劳动收入风险的人在保险上花费也更多。这一结论印证了高收入风险家庭更加倾向于避免风险，从而更可能较少参与风险资本投资。

后期越来越多的研究对这一假设进行了挑战，Alessie et al.（2002）[136] 发现荷兰家庭收入风险与风险资产需求之间存在非相关性。在法国，Arrondel &Masson（2003）[88] 发现面临就业风险的家庭在给定风险规避水平下也拥有更多风险资产。Arrondel&Lollivier (2004)[89] 发现暂时性收入对持有风险资产的概率具有积极效应，即风险最高的家庭也有风险较高的投资组合。我国对背景风险与家庭资产选择的研究较少，吴卫星等（2011）采用北京奥尔多投资咨询中心 2009 年“投资者行为调查”数据研究发现，健康风险对风险资产参与的影响较小，但对风险资产比重的影响显著，即健康状况不好的居民持有风险资产的数量在家庭总财富中的比重显著较低。陈琪和刘卫（2014）[137] 根据中国健康与养老追踪调查数据的实证也表明当自己或者配偶健康变差的时候，城市居民将倾向减少对风险资产的持有，健康差的居民比健康好的居民持有风险资产的比率低约 10 个百分点。陈莹等（2014）[95] 利用江苏某银行提供的包含13 000个客户资产配置的详细资料进行实证研究发现房贷风险挤出了风险资产投资。胡振和臧日宏（2016）[96]运用我国城市居民消费金融调查数据，采用倾向得分匹配研究发现，收入风险越低，家庭通过金融教育参与风险金融投资的概率越高，其收入风险根据问卷主观感知的收入稳定性确定。张兵和吴鹏飞（2016）[97]基于2012年中国家庭金融调查数据实证研究了家庭收入不确定性对非存款类金融资产投资行为的影响，其以非农劳动力比例，自有房屋数量及有无未满16周岁成员度量的家庭收入风险越小，越倾向于持有更多的非存款类金融资产，投资品种个数也更多。目前我国对于收入不确定风险影响家庭资产选择的研究尚不丰富，且对收入不确定的度量多趋于定性角度，最重要的一点是，大多数文献在实证研究中并未将劳动收入与劳动收入风险同时纳入家庭资产选择模型考虑，而这可能会混淆劳动收入与劳动收入风险对家庭资产风险选择的影响，因此本书的实证研究同时纳入了劳动收入与劳动收入不确定风险。

2.4 金融投资组合内部互动：储蓄与风险资产投资

持背景风险负面影响风险投资的观点基于一种认识即被迫承担一种风险的投资者往往会回避另一种风险。Pratt & Zeckhauser（1987）将这一概念形式化为“适当的风险厌恶”，如果风险降低了财富的预期效用，则风险是不可取的，但如果风险提高了财富的预期边际效用，则风险需求会增加。在给定的全球财富水平下，Gouriéroux et al.(1987)[138]发现收入风险对持有所有资产的可能性有正面影响，这意味着面临收入风险的家庭增加了所有类型的金融资产，并且对于风险较低的资产重新分配。预防性储蓄理论认为当家庭面临未来的收入风险时，会通过减少消费增加储蓄来对冲风险，但 Merton（1969）开创性地通过假设劳动收入遵循与股票投资过程完全相关的随机过程来分析不确定性下的最优资产配置，指出如果家庭或个体被允许做空头寸，则其也可以通过储蓄之外的其他金融资产对冲劳动收入风险。由于个人储蓄关注未来投资组合财富的购买力，当引入劳动收入不确定风险后，实证结果显示投资组合中的股票和现金不仅同时存在以对冲风险，而且数量均上升。这是因为较高的储蓄水平会导致进入股票市场的动力更强，因此储蓄水平越高，在整个生命周期中股票市场的参与率也越高。我国目前对家庭资产选择的研究将储蓄与其他风险资产投资割裂开来，要么仅研究风险资产投资因素，要么分别研究储蓄与风险资产投资，并未真正将储蓄与风险资产投资作为一个投资组合进行考虑，因此本书不仅分别研究了劳动收入与劳动收入不确定风险对储蓄与风险资产投资的影响，而且考虑了投资组合结构因素。

3. 关于家庭住房投资

1998 年的住房私有化改革推动了中国城镇房地产的迅速发展，释放了巨大的住房消费需求。此外，日益扩大的收入差距使得住房这种可见性消费品成为了地位追求地位攀比的载体。根据2010—2016年中国家庭追踪调查数据计算的全国收入基尼系数显示，基尼系数始终位于0.4的平等线以上（徐巧玲，2019）[139]，周广肃等（2018）[140]使用2010年中国家庭追踪调查数据证实，收入差距的扩大，促使家庭为追求社会地位而购置面积更大、花费更高的房屋。根据西南财经大学公布的CHFS数据显示，2013年度中国家庭房产占比高达62.3%，2015年度房产占比持续增长至65.3%（路晓蒙等，2017）。而在参与维度上，有超过32%的家庭在购买住房的过程中向亲戚朋友借款，其中14%的家庭使用了住房抵押贷款，家庭在购房过程中从亲戚朋友处获得的非正规借款平均约占住房价值的45.4%，抵押贷款—住房价值比(LTV)平均占35%。这表明收入预算约束了一部分家庭的购房行为，根据CHFS2013数据，18~60岁城市户主家庭仍有16.9%的家庭没有住房，更重要的是高房价抑制了流动人口的购房意愿。张路等（2016）[141]利用2013年CHFS数据实证研究发现35岁以下流动人口城市住房拥有率明显低于城市本地人口，邓江年、郭沐蓉（2016）[142]利用中山大学珠三角外来务工人员的问卷调查研究发现，住房与流动人口定居意愿显著相关，购房农民工留城意愿高于租房农民工。住房不仅是个体成就的体现，还是实现城市化的关键，更是维护社会稳定的关键，因此1998年，我国建立了市场化住房体制，把住宅产业看做推动经济增长的一个重要支柱产业。习近平总书记在十九大报告中也提出住房市场要加快建立多主体供给、多渠道保障的制度，实现住有所居。伴随住房市场化，城镇就业环境也发生变化，国企转制，非公有制经济崛起，使得收入不确定成为常态。周京奎（2012）利用城市住户调查数据检验收入不确定性条件下公积金约束对家庭住宅消费的影响，实证结果显示，以失业概率度量的收入不确定性对居民基本住宅消费有显著的负向影响。但由于失业是收入不确定最极端的表现，无法体现一般收入波动对住房需求的影响，而且目前尚无文献对收入不确定影响住房需求的机制进行分析，因此本书研究了收入不确定对住房需求的影响，并对其直接和间接影响渠道进行了实证探索。

Fisher & Gervais（2011）[143]发现户主年龄在25~44岁之间的家庭住房购买率在1980—2000年间大幅下降，即使在2001—2005年的住房繁荣期间也只得到部分发展，实证结果发现延迟结婚和结婚率下降解释了年轻人购房倾向下降一半的原因。李斌等（2018）[144]根据《2007—2016中国统计年鉴》省级数据实证研究发现住房具有传递男性质量信息的信号功能，婚姻匹配竞争使得适婚男性通过住房信号来显示自身的社会经济状况。因此，收入不仅直接影响住房购买支付能力，还通过影响婚姻和生育等间接影响住房需求。Goodman（1990）[145]在考虑交易成本的条件下通过“自有还是租用、搬迁还是不搬迁、居住时长决策”三个变量构造多期最优模型，采用12年的美国住房调查数据面板数据进行实证研究，结果显示收入和房价租金比对住房需求有显著影响。Robst et al.（1999）指出未来收入不确定性的增加降低了未来确定等值的收入，这是因为由于住房抵押贷款包括未来若干年的定期支付，家庭的收入不确定就与收入水平一样重要。Haurin& Gill（1987）在分析影响房屋所有权可能性的因素时，发现收入的跨期变化很重要，收入变化增加10%对住房权属需求的影响相当于收入降低5%。Dynarski and Sheffrin (1985)[146] 将收入分为持久和暂时性收入部分，正的暂时性收入冲击增加了住房购买，而负的冲击则不显著。Gathergood (2011)[147] 的实证结果表明收入不确定降低了购房概率，收入不确定降低一个标准差购房将会增加70%~120%。Turnbull et al. (1991)[148] 发现了收入风险对住房需求的负向影响，但是作者也指出如果期望劳动收入包含了收入风险的补偿性工资则劳动收入不确定也可能对住房需求没有影响。Ortalo-Magne (2006)[149] 指出家庭面临房价、收入和租金波动，不考虑风险厌恶，增加的确定性增加了购房可能。Haurin (1991) [150] 则将一定时间内的收入变异系数作为不确定的度量，他证实收入风险与住房所有权具有负向关系。Haurin and Gill (1987)[10] 考虑收入的确定性，特别是军属是否有收入，他们假定配偶的收入比参军的丈夫更加不确定家庭不确定收入来源比例越高，住房消费越低。

国外对收入不确定影响住房需求的机制研究主要集中于以下几点：第一，如果资本市场是不完美的，消费会随收入变化而调整，因为租房数量很容易调整，而家庭在面临收入波动时不能轻易改变购房决策，由于这种灵活性的缺乏，加之出售自有房屋的交易成本更大，未来收入不确定在购房决策中表现为重要的制约因素，住房权属需求随着预期收入变化的增加减小。Yao and Zhang(2005)[151] 指出房产的不可迁移性和调整成本会使得房屋再次出售时存在损失可能，而收入不确定家庭则更想避免该损失。第二，投资者在风险期间更加渴望流动性，而住房投资捆绑了未来收入，因此预防性储蓄随收入风险而增加，购房需求则随收入风险而降低。当存在调整成本时，家庭会选择延迟购房进行储蓄直到家庭更富裕能负担更大房子，家庭收入风险增加了这种选择的价值，因此延迟购房以及购房率随收入风险的增加而降低。Diaz-Serrano (2005a) 研究了 8 个欧盟国家的房地产市场，发现大多数存在收入风险的贷款者无法支付抵押贷款，因而具有谨慎动机和预防性行为的家庭更可能租房从而减少住房权属需求。第三，风险厌恶的存在使得一个面临日益增加的收入不确定的家庭对潜在的未来抵押贷款违约风险产生担忧，由于贷出机构也厌恶抵押违约风险，使得收入不确定家庭更可能遭受信贷限制。Diaz-Serrano (2005b) [152] 利用意大利家庭收入和财富数据证实收入不确定与信贷约束均降低了住房权属需求，并且对于自住的消费性房屋，收入不确定通过影响风险态度而影响购房需求。由于住房市场差异及消费差异，我国收入不确定影响住房需求的渠道也存在差异。

4. 家庭资产配置的性别差异

经济学家发现在劳动力市场、消费及投资领域普遍存在性别差异，而这些差异被认为是由于风险偏好的性别差异导致。

普遍观点是女性倾向于更加厌恶风险，女性相比于男性风险偏好更低 (Barsky, 1997)[153]。在心理学和社会学文献中，均认为女性相比于男性风险更不愿意从事风险行为并且更倾向于将风险高估。经济学文献提供了一些实证研究证实女性在金融决策中比男性更加厌恶风险，Sunden and Surette(1998)[154] 发现性别显著影响资产配置，因为单身女性比单身男性更厌恶风险，大部分女性投资于中等风险水平的资产组合，已婚女性较已婚男性更少投资股票。Loewenstein et al. (2001) [155] 指出对风险的本能和直觉反映是风险偏好性别差异产生的第一个原因，由于女性较男性感性，当面临损失时女性会比男性更容易感到紧张和恐惧，因此女性会比男性更加风险厌恶。此外，Grossman and Wood (1993)[156] 指出在同等条件下，女性更容易恐惧，男性更容易愤怒，当个体更关注损失时，会过高估计损失发生概率从而增加对投资的风险评价，而当个体愤怒时，他们会降低对投资的风险评价，从而降低风险感知 (Lerner et al. 2003)[157]。风险态度性别差异的第二个原因是男性较女性有更高的自信水平，Niederle and Vesterlund (2007) [158] 指出如果男性更自信在投资中能获取好的收益，他们会更愿意接受投资。风险态度性别差异的第三个解释是对风险的理解, Arch (1993) [159] 认为男性更容易将风险视为挑战而增加参与，而女性则将风险视为威胁而避免风险。因为女性是保守投资者，所以在进行资产配置时更愿意储蓄以及普通股票组合。

虽然传统观念认为女性在风险决策中更谨慎、更不自信、更少有侵略性，容易被说服，但 Jenny(2012)[160] 将风险分为三个等级后发现风险偏好的性别差异仅仅存在于高风险资产中，同居女性比单身女性或已婚女性更倾向于选择高风险投资组合，而已婚男性则更倾向于保守投资。在我国，王琎等（2014）也发现女性决策者比男性更倾向于投资风险资产，但由于男性风险厌恶比重明显少于女性，资产选择中存在的性别差异并不一定源于风险偏好的性别差异，资产选择性别差异还有待研究。

第五章　家庭资产配置实证研究

1. 样本、变量和模型

1.1 样本和变量

本章数据来自 2013 年中国家庭金融调查（CHFS），在研究劳动收入、不确定及家庭金融资产配置时，被解释变量分为三类，第一类为家庭金融市场参与变量，分别为是否储蓄 (save) 和是否投资风险资产 (invest)，二者为二值虚拟变量，赋值为 1 表示持有储蓄或风险资产；第二类为家庭金融资产结构变量，分别为储蓄占家庭金融资产比重 (sratio)，风险投资占金融资产比重 (iratio)，二者为数值型变量；第三类为家庭金融资产组合变量，分别为仅有储蓄 (only save)，仅有风险投资 (only invest) 以及二者均持有 (both)，均为二值虚拟变量。其中，我们定义储蓄为活期存款和定期存款，定义风险资产为股票、债券、基金、期货、期权、外汇及黄金，定义家庭金融资产为储蓄和风险资产之和。样本包括城市和农村户主年龄在 18~60 岁之间的家庭，为剔除无工作样本的干扰，剔除了在校学生、家庭主妇、丧失劳动能力者、不愿意工作及离退休人员。同时剔除了数据缺失的样本、收入为负的样本后，样本共计 7888 个。

而在研究劳动收入、不确定及家庭住房投资时，由于我国城乡住房性质及经营管理方式均存在显著差异，故我们仅选取城镇家庭户主在 18~60 岁之间的样本进行调查。由于拆迁家庭在收入和住房中具有特殊性，故也进行了剔除，最终获取有效家庭样本 5285 个。被解释变量住房需求包括住房权属需求、住房面积需求，其中住房权属需求根据“家庭是否拥有自有住房”确定，拥有自有住房 house 赋值为 1，反之为 0。核心解释变量为收入不确定风险，由于住房具有收入效应，为避免住房逆向影响家庭收入不确定从而产生内生性，我们将家庭收入限定为劳动收入与私营企业收入，劳动收入由家庭成员的工资、奖金收入及补贴收入、农业、工商业收入构成（城镇样本无农业收入），为避免极端值和异常值影响，我们对家庭收入取对数。由于收入不确定风险来源于未预期到的收入波动即残差项的变化情况，根据公式 $Var(\varepsilon) = E(\varepsilon^2) - [E(\varepsilon)]^2 = E(\varepsilon^2)$，残差的波动可以用残差的平方度量，故取残差的平方对其进行对数标准化处理作为收入不确定的代理变量，简称为暂时性收入波动。由于收入不确定的波动具有方向性，故当残差小于 0 时，对暂时性收入波动取负号。

由于被解释变量及样本存在差异，故对家庭金融资产配置和住房投资的控制变量选择具有微小差异。由于一家之主在家庭各项决策中具有重要影响，因此取户主的人口特征变量及家庭特征变量为控制变量。家庭金融资产配置的控制变量包括：年龄、性别、户口、民族、教育、工作经验、健康、婚姻、家庭规模、房产数量以及是否东部地区，而家庭住宅投资的控制变量包括：年龄、是否汉族、教育年限、健康状况、是否已婚、户主是否男性、工作类型（政府、事业单位及非营利性机构工作赋值为1）、老人和子女数量、是否有住房公积金，样本的描述统计详见表3-1。

然后根据计量模型（2）检验劳动收入、收入不确定风险与家庭资产选择间的关系。被解释变量y分别代表是否储蓄、是否风险投资、储蓄占比、风险投资占比、仅储蓄、仅投资及储蓄与风险投资均持有。

1.2 计量模型

首先根据计量模型（1）利用tobit回归获取暂时性收入，将家庭人均劳动收入作为被解释变量，将户主人口统计特征年龄及其平方项、是否汉族、教育年限及其平方项、健康状况、是否已婚、是否男性、是否共产党员、工作类型、老人和子女数量、是否本市户口、家庭是否从事工商业经营作为解释变量进行回归获取残差，对残差平方取对数得到收入不确定指标。

$$pincome_i = \beta_0 + \beta_1 \sum X_i + \beta_2 \sum F_i + \varsigma_i \qquad (1)$$

然后根据计量模型（2）检验劳动收入、不确定风险与家庭金融资产配置和住房投资间的关系及影响机制。被解释变量y分别代表家庭金融资产投资相关被解释变量（分别为是否储蓄和是否投资风险资产、储蓄占家庭金融资产比重和风险投资占金融资产比重以及仅有储蓄、仅有风险投资和二者均持有）及家庭住宅投资相关被解释变量（住房权属需求、住房面积需

表 3-1　主要变量描述统计

变量名	变量定义	样本数	均值	标准差	最小值	最大值
Panel A	家庭金融资产配置					
被解释变量						
save	是否储蓄	7888	0.1684	0.3742	0.0000	1.0000
invest	是否风险投资	7888	0.2807	0.4494	0.0000	1.0000
sratio	储蓄占金融资产比重	7888	0.1489	0.3428	0.0000	1.0000
iratio	风险资产占金融资产比重	7888	0.1318	0.3243	0.0000	1.0000
only save	仅储蓄	7888	0.1155	0.3196	0.0000	1.0000
only invest	仅风险投资	7888	0.1123	0.3158	0.0000	1.0000
both	储蓄和风险投资均涉及	7888	0.0529	0.2238	0.0000	1.0000
核心解释变量						
lnincome	劳动收入对数	7888	9.4480	2.9422	0.0000	14.2976
lne2	劳动收入不确定	7882	1.6748	4.1607	–4.8968	4.9135
控制变量						
age	年龄	7888	42.2987	10.5067	8.0000	80.0000
gender	性别	7888	0.7717	0.4198	0.0000	1.0000
hukou	户口	7884	0.6364	0.4811	0.0000	1.0000
nationality	民族	7888	0.9498	0.2184	0.0000	1.0000
education	教育水平	7886	11.7267	3.8584	0.0000	23.0000

续 表

变量名	变量定义	样本数	均值	标准差	最小值	最大值
experience	工作经验	7888	11.2376	10.4983	0.1000	52.0000
health	健康	7888	3.0038	1.1494	1.0000	5.0000
marriage	婚姻	7888	0.8651	0.3416	0.0000	1.0000
family size	家庭规模	7888	2.2485	1.2578	0.0000	10.0000
house	是否有房	6030	0.8511	0.3560	0.0000	1.0000
east	是否东部区域	7888	0.5227	0.4995	0.0000	1.0000
Panel B						
被解释变量						
house	是否有住房	5285	0.8310	0.3748	0.0000	1.0000
house num	住房数量	5285	1.0367	0.7099	0.0000	14.0000
house area	住房面积	5285	106.5392	111.2835	0.0000	2870.0000
house value	住房价值	5285	74.3116	111.6334	0.0000	1300.0000
解释变量						
borrow	是否借款购房	5285	0.1236	0.3291	0.0000	1.0000
borrow amount	借款数量	5285	11392.4787	50381.4008	0.0000	1500000.0000
mortgage	是否银行贷款买房	5285	0.1949	0.3962	0.0000	1.0000
mortgage amount	贷款数量	5285	5.7890	17.6057	0.0000	400.0000
核心解释变量						

续 表

变量名	变量定义	样本数	均值	标准差	最小值	最大值
lnfinc	劳动收入	5285	6.2465	5.2548	0.0000	14.3159
lne2	收入不确定	5285	14.9370	10.8805	-19.4065	22.4428
解释变量						
age	年龄	5285	43.9281	9.9980	18.0000	60.0000
nationality	民族	5285	0.9387	0.2399	0.0000	1.0000
education	教育	5285	12.4305	3.4234	0.0000	22.0000
health	健康	5285	2.8931	1.1670	1.0000	5.0000
marriage	婚姻	5285	0.8570	0.3502	0.0000	1.0000
male	性别	5285	0.6335	0.4819	0.0000	1.0000
work type	工作类型	5285	0.2174	0.4125	0.0000	1.0000
old	60 岁以上老人数量	5285	1.2360	0.7987	0.0000	2.0000
kid	16 岁以下儿童数量	5285	0.2522	0.6029	0.0000	5.0000
house fund	是否有住房公积金	5285	0.3845	0.4865	0.0000	1.0000
social	社会网络	5285	0.3849	0.7567	0.0000	30.0000

求、是否有银行抵押贷款、银行抵押贷款总额、是否有民间借贷、借贷金额、社会资本、风险态度、金融知识）。根据被解释变量的不同，回归方法包括 logit、tobit 和 oprobit。

$$y_i = \beta_0 + \beta_1 uncertain_i + \beta_4 \sum X_i + \beta_5 \sum F_i + \varsigma_i \quad (2)$$

2. 劳动收入、不确定与金融资产投资

2.1 劳动收入、不确定风险与储蓄、风险投资选择

我们首先通过 logit 模型检验了劳动收入及不确定风险与金融市场参与的关系，表 3–2 第（1）列的回归结果显示，劳动收入对储蓄参与的回归系数为 0.0514，显著水平为 0.01，劳动收入每增加一单位，储蓄概率增加 5.14%，不确定风险对储蓄参与的回归系数为 0.0443，显著水平为 0.01，收入不确定每增加一个标准差，储蓄概率增加 4.43%。表 3–2 第（2）列的回归结果显示，劳动收入对风险投资的回归系数为 0.0457，不确定风险对风险投资的影响系数为 0.0388，二者均在 0.01 的水平显著。从实证结果中可以看出，劳动收入及风险均促进了储蓄和风险投资参与，收入对储蓄和风险资产投资参与的影响高于收入不确定风险，说明收入水平及家庭财富显著影响家庭资产多样化选择。然后基于稳健性考虑，我们选取储蓄及风险投资强度指标作为被解释变量，由于该变量存在大量零值，故采用 tobit 回归模型，回归结果见表 3–2 第（3）、（4）列。劳动收入对储蓄比重的回归系数为 0.0281，对风险投资比重回归系数为 0.0241，显著水平均为 5%，不确定风险对储蓄比重的影

响系数为 0.0333，对风险投资比重的影响系数为 0.0124，分别在 1% 和 5% 的水平显著，劳动收入和不确定风险增加了储蓄和风险资产占比。而且劳动收入对风险投资比重的影响显著高于收入不确定风险，收入不确定对储蓄比重的影响显著高于劳动收入，由对比可以看出，劳动收入越高，风险投资比重越高；收入不确定性越高，储蓄比重越高，这说明我国家庭存在预防性储蓄动机，为规避收入不确定风险会将资产更多配置到储蓄。

表 3–2　劳动收入、不确定风险与储蓄、风险投资选择回归结果

	(1) 储蓄	(2) 风险投资	(3) 储蓄比例	(4) 风险投资比例
劳动收入	0.0514***	0.0457***	0.0281**	0.0241**
	(2.61)	(2.98)	(2.16)	(2.20)
收入不确定	0.0443***	0.0388***	0.0333***	0.0124**
	(3.90)	(4.11)	(4.01)	(1.80)
年龄	0.00844*	0.0135***	0.00574*	0.00786***
	(1.83)	(3.38)	(1.75)	(2.58)
性别（男 =1）	–0.192**	–0.148**	–0.136**	–0.0584
	(–2.22)	(–1.99)	(–2.14)	(–1.07)
户口（城市 =1）	0.474***	0.774***	0.302***	0.763***
	(4.56)	(8.65)	(4.14)	(10.05)
民族（汉 =1）	0.505***	0.564***	0.355***	0.338***
	(2.62)	(3.61)	(2.69)	(2.87)
教育水平	0.0697***	0.139***	0.0506***	0.110***
	(5.54)	(12.39)	(5.52)	(12.56)
工作经验	0.00838**	0.00956***	0.00609**	0.00670**
	(2.00)	(2.62)	(1.97)	(2.45)

续 表

	(1) 储蓄	(2) 风险投资	(3) 储蓄比例	(4) 风险投资比例
健康	0.0346	0.0293	0.0323	−0.00563
	(1.04)	(1.03)	(1.34)	(−0.26)
婚姻（已婚 =1）	0.421***	0.346***	0.293***	0.110***
	(3.21)	(3.22)	(3.15)	(1.39)
家庭规模	0.00597	−0.0273	0.000510	−0.0364
	(0.17)	(−0.88)	(0.02)	(−1.51)
房产（有房 =1）	0.199*	0.309***	0.153*	0.232***
	(1.67)	(3.09)	(1.82)	(3.06)
区域（东部 =1）	0.531***	0.542***	0.360***	0.290***
	(7.01)	(8.47)	(6.54)	(6.01)
_cons	−5.223***	−5.796***	−3.752***	−4.419***
	(−13.77)	(−17.94)	(−13.27)	(−16.65)
LR Chi (2)	320.53	855.81	295.24	826.86
R^2	0.062	0.122	0.045	0.124
N	6028	6028	6028	6028

注：括号内为 t 值；＊＊＊、＊＊和＊分别表示在 1%、5% 和 10% 的水平下显著，表 3–3 同。

其他控制变量对储蓄与风险投资的影响如下：户主年龄与储蓄、风险投资、储蓄比重及风险投资比重均呈正向关系，户主性别与储蓄、风险投资及储蓄比例呈负向关系，男性户主更不倾向于储蓄和风险投资，这可能与我国家庭中男性主外女性主内的习惯相关，男性不掌握家庭经济分配权力导致，而性别对风险投资比重的影响不显著，由于谨慎性动机，男性和女性对风险资产的投资比重可能均不会太高。城市居民、汉族的储蓄、风险投资、储蓄比例及风险投资比例均高于农村和少数民族居民。教育水平越高的居民，储蓄、投资、储蓄比重及风险投资比重越高，并且教育水平越高越倾向于风险资产投资，工作经历越长，经验越多，越有可能储蓄和风险资产投资，并且工作经历越长更倾向于风险资产投资，教育和工作经验一方面增加了个体和家庭收入，另一方面增加了金融知识，增强了对风险的控制能力，从而增加了对风险资产的投资。已婚、有房及东部地区的家庭更有可能储蓄及风险投资，并且储蓄及风险投资比重均增加。吴卫星等（2011）根据2009年中国投资者调查数据研究发现投资者的健康状况不显著影响其参与股票市场和风险资产市场的决定，但影响家庭的股票或风险资产在总财富中的比重，而本书则发现健康状况不仅与储蓄及风险资产市场参与无显著关系，而且也不显著影响储蓄及风险投资比重。吴卫星，李雅君（2016）根据2009年中国城镇居民经济状况与心态调查数据发现独代居住的家庭比起多代同住的家庭有更多的储蓄并投资于更多的风险资产，在多代同住的家庭中，三代同堂的家庭比起与子女同住的家庭有更少的储蓄和风险资产投资，而本书的研究结果表明家庭规模对储蓄和风险资产选择并无显著影响。

2.2 劳动收入、不确定风险与储蓄和风险投资组合

由于将储蓄与风险投资单独作为被解释变量并不能体现真正意义上的投资组合概念，我们将单个家庭拥有储蓄和风险资产的情形进行了分类，分别为仅储蓄、仅风险资产投资和两

者均有三种投资组合情况，进一步检验劳动收入及不确定风险对这三种投资组合的影响。回归结果见表 3-3，回归结果显示，收入对仅储蓄的影响系数为 0.0286，对仅投资的影响系数为 0.0262，但是并不显著，收入对二者均持有的影响系数为 0.120，且在 1% 的水平显著，收入越高，越有可能将资产在储蓄和风险资产进行分配，这进一步验证了收入促进资产多样化配置的结论。收入不确定风险对仅储蓄的影响系数为 0.0419，显著水平为 1%，对仅投资的影响不显著，但是对储蓄投资均持有的回归系数为 0.0305，显著水平为 5%，这一结论与 Arrondel & Lollivier (2004) 的研究发现一致，高风险家庭也会存在高风险投资组合。同时这一结论也说明我国居民在风险投资中呈现出谨慎动机，虽然收入不确定风险促进了风险资产投资，但家庭绝不会仅持有风险资产，而是通过风险资产与无风险资产如储蓄等的投资组合来进行。

表 3-3　劳动收入、不确定风险与储蓄和风险投资组合回归结果

	(1) 仅储蓄	(2) 仅风险投资	(3) 储蓄与投资均持有
劳动收入	0.0286	0.0262	0.120***
	(1.32)	(1.31)	(2.75)
收入不确定	0.0419***	0.00930	0.0305**
	(3.10)	(0.75)	(1.68)
年龄	0.00615	0.0128**	0.0101
	(1.18)	(2.26)	(1.20)
性别（男 =1）	–0.143	–0.0215	–0.228
	(–1.42)	(–0.22)	(–1.64)

续　表

	(1) 仅储蓄	(2) 仅风险投资	(3) 储蓄与投资均持有
户口（城市 =1）	0.203*	1.214***	1.583***
	(1.77)	(7.72)	(5.82)
民族（汉 =1）	0.408*	0.413*	0.627*
	(1.88)	(1.89)	(1.70)
教育水平	0.0347**	0.162***	0.117***
	(2.43)	(10.52)	(5.40)
工作经验	0.00376	0.00636	0.0145**
	(0.77)	(1.27)	(2.06)
健康	0.0752**	0.0111	–0.0638
	(1.97)	(0.28)	(–1.12)
婚姻（已婚 =1）	0.379**	0.0850	0.360
	(2.51)	(0.59)	(1.56)
家庭规模	0.00298	–0.0723	0.0151
	(0.07)	(–1.58)	(0.23)
房产（有房 =1）	0.0774	0.320**	0.446**
	(0.58)	(2.24)	(1.96)
区域（东部 =1）	0.345***	0.285***	0.790***
	(3.98)	(3.27)	(5.86)
_cons	–4.452***	–6.797***	–9.137***
	(–10.61)	(–15.12)	(–12.10)
LR Chi (2)	98.54	491.79	303.92
R^2	0.024	0.116	0.13
N	6028	6028	6028

2.3 储蓄和风险投资组合的地区差异

在前面的实证研究中，我们发现区域因素在家庭资产选择中有着显著影响，为了考察劳动收入及不确定风险在家庭投资组合中的地区差异，我们将全样本分为东部区域和中西部区域两个子样本。由于劳动收入和不确定风险对仅风险投资的影响不显著，考察收入和不确定性对仅风险投资影响的地区差异没有意义，故我们仅考虑被解释变量为仅储蓄及储蓄投资均持有的情况。表 3–4 第（1）、（2）列的回归结果显示，劳动收入对东部和中西部居民仅储蓄的行为影响并不显著，这与表 3–3 第（1）列的结论一致。由于我国居民普遍存在的谨慎动机，致使储蓄成为全国居民的普遍选择，与收入无关。收入不确定风险对东部居民仅储蓄的影响系数为 0.0439，对中西部家庭仅储蓄的影响系数为 0.0358，显著水平均为 5%，进一步验证了我国家庭普遍存在规避收入风险的预防性储蓄动机。表 3–4 第（3）、（4）列的回归结果显示，劳动收入对东部家庭储蓄投资均持有的投资组合没有显著影响，但是对中西部家庭的影响系数为 0.780，且在 1% 的水平显著，可能的原因第一是东部家庭收入来源并不仅限于劳动报酬，由于本书仅考虑劳动收入，因此会东部家庭收入统计存在少估的情况，第二个可能的原因是东部区域金融可得性更强，居民金融素养及风险倾向更高，因此更容易进行资产多样化配置。收入不确定风险对东部家庭储蓄投资均持有的投资组合的影响系数为 0.0384，显著水平为 5%，而对中西部家庭影响不显著，这说明东部家庭通过投资组合多样化分散收入风险的意识更强，而中西部家庭仅靠储蓄规避收入风险，这一结论进一步验证了东中西区域在金融可得性及金融素养风险倾向方面的差异。

表 3-4　储蓄和风险投资组合的地区差异

	(1) 东部 仅储蓄	(2) 中西部 仅储蓄	(3) 东部 储蓄投资均持有	(4) 中西部 储蓄投资均持有
劳动收入	0.0424	0.0107	0.0634	0.780***
	(1.45)	(0.33)	(1.48)	(3.95)
收入不确定	0.0439**	0.0358**	0.0384**	−0.0179
	(2.39)	(1.77)	(1.69)	(−0.54)
年龄	0.000769	0.0137*	0.00300	0.0317**
	(0.11)	(1.70)	(0.30)	(2.05)
性别（男 =1）	−0.0919	−0.242	−0.196	−0.422
	(−0.71)	(−1.49)	(−1.19)	(−1.58)
户口（城市 =1）	0.216	0.181	1.642***	1.391***
	(1.43)	(1.03)	(5.06)	(2.74)
民族（汉 =1）	0.713**	0.170	0.583	0.721
	(2.03)	(0.61)	(1.24)	(1.20)
教育水平	0.0348*	0.0303	0.103***	0.110**
	(1.88)	(1.34)	(4.06)	(2.48)
工作经验	0.00480	0.00266	0.0199**	−0.00562
	(0.76)	(0.34)	(2.38)	(−0.43)
健康	0.0268	0.143**	−0.0623	−0.102
	(0.54)	(2.44)	(−0.92)	(−0.95)
婚姻（已婚 =1）	0.482**	0.246	0.317	0.445
	(2.40)	(1.07)	(1.15)	(1.04)
家庭规模	0.00135	−0.000110	0.0429	−0.0181
	(0.03)	(−0.00)	(0.55)	(−0.15)
房产（有房 =1）	0.00481	0.182	0.279	1.031*
	(0.03)	(0.82)	(1.12)	(1.70)

续 表

	(1) 东部 仅储蓄	(2) 中西部 仅储蓄	(3) 东部 储蓄投资均持有	(4) 中西部 储蓄投资均持有
_cons	−4.251***	−4.379***	−7.260***	−16.78***
	(−7.28)	(−7.04)	(−8.41)	(−7.71)
LR Chi(2)	54.29	27.40	279.07	204.26
R^2	0.023	0.016	0.116	0.112
N	3104	2924	3104	2924

2.4 劳动收入、不确定风险影响家庭金融投资的机制分析

尹志超等（2014）[161] 运用中国家庭金融调查数据发现，金融知识的增加会推动家庭参与金融市场，并增加家庭在风险资产尤其是股票资产上的配置。胡振、臧日宏（2016）基于中国城市居民消费金融调查数据发现风险厌恶程度越高的家庭，金融资产组合分散化程度越低。因此本书从金融知识及风险偏好两种途径探索了劳动收入及不确定风险对家庭投资组合的影响机制，我们将“对经济金融信息的关注程度”及“投资风险态度”作为金融知识及风险偏好的度量指标，由于金融知识及风险态度是一个从 1~5 的等级变量，我们采用 oprobit 回归，表 3–5 的回归结果显示，劳动收入对金融知识的影响系数为 0.01，对风险倾向的影响系数为 0.00609，二者均在 5% 的水平上显著，不确定风险对金融知识的影响系数为 0.00782，对风险倾向的影响系数为 0.00993，二者也在 5% 的水平显著。劳动收入的增加推动了金融知识的积累，增强了风险抵抗能力，因而也增强了投资者的风险偏好。收入不确定风险也使得个体

对经济金融信息更加关注和敏感，同时也产生了通过风险资产投资化解收入不确定风险的赌徒心理，从而导致金融知识及风险态度随不确定风险的增加而增加。

表 3–5　劳动收入、不确定风险与金融知识和风险偏好的回归结果

	(1) 金融知识	(2) 风险偏好
劳动收入	0.0100**	0.00609**
	(1.66)	(0.97)
收入不确定	0.00782**	0.00993**
	(1.82)	(2.22)
年龄	–0.00574***	–0.0288***
	(–3.42)	(–16.19)
性别（男 =1）	0.0678**	0.145***
	(2.01)	(4.18)
户口（城市 =1）	0.0924**	0.0201
	(2.57)	(0.54)
民族（汉 =1）	0.0340	0.129**
	(0.57)	(2.08)
教育水平	0.0864***	0.0634***
	(18.35)	(13.07)
工作经验	0.00678***	0.00236
	(4.05)	(1.33)
健康	0.0326***	0.0164
	(2.60)	(1.27)
婚姻（已婚 =1）	0.0577	–0.183***
	(1.25)	(–3.90)
家庭规模	–0.0223*	–0.0166
	(–1.74)	(–1.25)

续 表

	(1) 金融知识	(2) 风险偏好
房产（有房 =1）	0.123***	0.0750*
	(2.96)	(1.75)
区域（东部 =1）	–0.141***	–0.0270
	(–5.07)	(–0.94)
LR Chi(2)	841.68	1022.99
R^2	0.048	0.060
N	6028	6028

3. 劳动收入、不确定与住房投资决策

3.1 收入不确定与住房需求

表 3–6 第（1）列为利用收入方程获取收入不确定风险的回归结果，由于我们重点关注的是收入不确定风险与住房需求的关系，故重点解释表 3–6 第（2）-（5）列的回归结果。表 3–6 第（2）列利用 logit 回归分析发现收入不确定风险对家庭住房权属需求的影响系数为 –0.010，在 5% 的水平上显著，表 3–6 第（3）列利用 tobit 回归分析发现收入不确定对购房面积的回归系数为 –0.804，并在 1% 的水平下显著，说明收入波动削弱了城镇居民购房倾向并减少了购房面积。特别是收入不确定对购房面积的影响大于购房倾向，这是由于自有房屋在我国被视为安身立命之本，具有刚需性，但住房面积则随家庭经济状况具有较大弹性。由于住房面积需求和住房权属需求具有相关性，如果单独对住房面积进行回归可能产生样本自选择偏

误，故采用heckman模型极大似然估计进行稳健性检验，回归结果见表3–6第（4）、（5）列。收入波动对住房权属需求的影响为–0.007，对住房面积的影响–0.759，均在1%的水平下显著。

表3–6　收入不确定与住房需求

	(1) Tobit 人均收入	(2) Logit 是否有房	(3) Tobit 住房面积	(4) heckman 是否有房	(5) heckman 住房面积
家庭收入对数		0.015	–0.196	0.0508	1.474
		(1.61)	(–0.44)	(1.10)	(0.31)
收入不确定		–0.010**	–0.804***	–0.007***	–0.759***
		(–2.39)	(–4.00)	(–3.64)	(–3.90)
年龄	1153.6***	0.198***	9.012***	0.0885***	7.547***
	(3.60)	(6.07)	(5.44)	(5.84)	(4.67)
民族（汉=1）	3361.5**	0.293*	2.210	0.0580	0.0293
	(2.30)	(1.94)	(0.30)	(0.83)	(0.00)
教育水平	–3729.1***	0.039***	1.783***	0.0154**	1.677**
	(–7.85)	(2.74)	(2.59)	(2.39)	(2.51)
健康	1974.4***	0.189***	9.420***	0.0698***	8.850***
	(6.25)	(5.25)	(5.81)	(4.62)	(5.62)
婚姻（已婚=1）	–8351.2***	1.041***	53.67***	0.424***	48.63***
	(–7.62)	(10.17)	(9.23)	(8.38)	(8.55)
性别（男性=1）	3929.6***	–0.078	8.011**	0.0558	8.576**
	(5.29)	(–0.95)	(2.08)	(1.57)	(2.29)
工作类型（政府、事业单位、非盈利组织=1）	–863.9	0.187	16.45***	0.0885*	16.53***
	(–0.92)	(1.53)	(3.28)	(1.85)	(3.40)
老人数量	1164.4**	0.161**	6.822**	0.0579**	6.493**
	(2.10)	(2.55)	(2.41)	(2.16)	(2.37)

续 表

	(1) Tobit 人均收入	(2) Logit 是否有房	(3) Tobit 住房面积	(4) heckman 是否有房	(5) heckman 住房面积
儿童数量	1675.1***	0.222***	18.33***	0.151***	17.72***
	(2.58)	(2.92)	(5.59)	(4.61)	(5.58)
年龄平方	–15.23***	–0.002***	–0.010***	–0.001***	–0.085***
	(–4.08)	(–5.14)	(–5.16)	(–5.30)	(–4.50)
教育平方	266.3***				
	(13.32)				
是否本市人口	–6184.6***				
	(–5.01)				
工商业（经营 =1）	–9172.4***				
	(–9.23)				
住房公积金（有 =1）		0.292***	2.496	–0.00445	–0.250
		(2.67)	(0.50)	(–1.08)	(–0.57)
_cons	–2214.1	–5.470***	–211.3***	–2.224***	–163.5***
	(–0.31)	(–7.58)	(–5.75)	(–6.61)	(–4.55)
athrho_cons					2.970***
					(39.67)
lnsigma_cons					4.798***
					(430.92)
sigma_cons	34895.4***		125.6***		
	(76.39)		(90.52)		
N	5285	5285	5285		5285

3.2 收入不确定影响住房需求的贫富差异

Yesuf & Bluffstone（2009）[162] 指出穷人比富人更厌恶风险，因而面对不确定事件穷人、富人具有不同的应对态度。本研究选取家庭收入大于等于 80% 分位数的家庭为高收入家庭，选取收入低于 80% 的家庭为非高收入的一般家庭，分别考察这两个收入群体在面临不确定收入时的购房需求。表 3–7 第（1）、（2）列显示普通家庭收入不确定对住房权属需求的影响系数为 –0.010，显著水平为 5%，对住房面积需求的影响系数为 –0.780，并在 1% 的水平下显著。表 3–7 第（3）、（4）列显示高收入家庭收入不确定对住房权属需求的影响系数为 –0.353，对住房面积需求的影响系数为 –1.325，但均不显著。何平等（2010）[163] 指出 家庭的脆弱性受家庭财产数量及财产收入情况的影响，富裕的家庭具有较强的应付突发事故的能力，相对贫困的家庭则相反。高收入家庭不仅具有财富积累，还具有丰富的社会资本，因而其住房需求不受收入波动的影响。

表 3–7　收入不确定影响住房需求的贫富差距

	(1) 是否有住房 Finc<80%	(3) 住房面积 Finc<80%	(2) 是否有住房 Finc>=80%	(4) 住房面积 Finc>=80%
家庭收入对数	–0.0028	–1.532***	0.565*	35.51***
	(–0.29)	(–2.93)	(1.84)	(5.40)
收入不确定	–0.010**	–0.780***	–0.353	–1.325
	(–2.30)	(–3.62)	(–1.34)	(–1.18)
年龄	0.171***	8.501***	0.409***	8.106**
	(4.97)	(4.43)	(3.29)	(2.51)
民族（汉）	0.286*	0.00256	0.0483	8.088
	(1.84)	(0.00)	(0.06)	(0.52)
教育水平	0.0283*	0.287	0.0452	2.321
	(1.85)	(0.36)	(0.47)	(1.59)

续 表

	(1) 是否有住房 Finc<80%	(3) 住房面积 Finc<80%	(2) 是否有住房 Finc>=80%	(4) 住房面积 Finc>=80%
健康	0.175***	9.621***	0.215*	4.255
	(4.60)	(5.07)	(1.79)	(1.46)
婚姻（已婚 =1）	1.008***	53.72***	0.858**	45.35***
	(9.20)	(7.99)	(2.40)	(4.15)
性别（男 =1）	−0.105	11.16**	0.255	−4.846
	(−1.20)	(2.48)	(0.95)	(−0.70)
工作类型（政府、事业单位、非盈利组织 =1）	0.241*	23.23***	0.457	17.16**
	(1.75)	(3.56)	(1.43)	(2.43)
老人数量	0.156**	8.008**	−0.0809	−5.133
	(2.39)	(2.46)	(−0.30)	(−0.95)
儿童数量	0.200***	19.40***	0.837	4.968
	(2.61)	(5.40)	(1.41)	(0.55)
住房公积金（有 =1）	0.173	−1.698	0.419	−4.430
	(1.45)	(−0.28)	(1.42)	(−0.55)
年龄平方	−0.00171***	−0.0974***	−0.00451***	−0.0777**
	(−4.22)	(−4.38)	(−2.82)	(−1.98)
_cons	−4.628***	−178.2***	−8.267	−546.4***
	(−6.00)	(−4.12)	(−1.57)	(−5.76)
sigma_cons		131.3***		97.88***
		(79.58)		(43.26)
N	4227	4227	1058	1058

3.3 收入不确定影响住房需求的直接渠道

在我国，融资渠道主要来源于亲戚朋友借款等非正规贷款和银行信贷，收入不确定可能通过抑制购房融资来抑制住房需求。选取有住房的家庭作为研究样本，表 3–8 第（1）列利用 logit 回归检验了收入不确定和是否进行银行抵押贷款的关系，结果表明收入不确定对抵押贷款的回归系数为 –0.011，表 3–8 第（2）列利用 tobit 回归检验了收入不确定和抵押贷款金额的关系，回归结果显示收入不确定对抵押贷款金额的影响系数为 –0.313，二者均在 5% 的水平上显著。这说明由于不确定收入增加了违约风险或不还款风险，一方面可能引致家庭出于谨慎需要避免通过抵押贷款购房，另一方面也可能使得银行对面临收入不确定的家庭实施贷款限制。表 3–8 第（3）列利用 logit 回归发现收入不确定对民间借贷的影响系数为 0.004，表 3–8 第（4）列利用 tobit 回归发现收入不确定对借款金额的影响系数为 390.8，二者均不显著。根据 CHFS 2013 统计发现 72.62% 的借款来源于兄弟姐妹和亲属，而中国是一个人情社会，基于亲属关系的借贷突破了收入不确定的约束，因此收入不确定无法通过降低民间借贷来抑制购房需求，仅通过抑制银行抵押贷款这一正规融资渠道抑制购房需求。

表 3–8　收入不确定与住房信贷

	(1) 是否银行贷款	(2) 银行贷款金额	(3) 是否借款	(4) 借款金额
家庭收入对数	0.018*	0.440*	0.004	671.2
	(1.84)	(1.65)	(0.37)	(0.56)
收入不确定	–0.011**	–0.313**	0.004	390.8
	(–2.06)	(–2.36)	(0.75)	(0.76)
年龄	–0.017	–1.208	0.098**	7596.5
	(–0.46)	(–1.23)	(2.18)	(1.61)

续 表

	(1) 是否银行贷款	(2) 银行贷款金额	(3) 是否借款	(4) 借款金额
民族（汉 =1）	0.143	6.241	–0.036	–4085.5
	(0.86)	(1.38)	(–0.20)	(–0.21)
教育水平	0.127***	4.099***	–0.070***	–5559.7***
	(7.75)	(9.30)	(–4.33)	(–3.09)
健康	0.078**	2.447***	–0.203***	–18605.3***
	(2.24)	(2.62)	(–5.02)	(–4.30)
婚姻（已婚 =1）	0.399***	7.753**	0.600***	71101.9***
	(2.87)	(2.12)	(3.32)	(3.82)
性别（男 =1）	0.003	–0.944	0.135	5401.3
	(0.04)	(–0.43)	(1.42)	(0.53)
工作类型（政府、事业单位、非盈利组织 =1）	–0.103	–7.377***	0.418***	32912.2***
	(–1.07)	(–2.78)	(3.55)	(2.59)
老人数量	0.041	1.132	–0.019	–714.9
	(0.65)	(0.67)	(–0.28)	(–0.10)
儿童数量	0.099	1.845	0.089	7966.4
	(1.21)	(0.87)	(1.20)	(1.01)
住房公积金	0.421***	12.54***	–0.162	–10198.2
	(4.17)	(4.50)	(–1.34)	(–0.79)
年龄平方	–0.000	0.001	–0.001**	–107.1**
	(–0.74)	(0.10)	(–2.56)	(–1.97)
_cons	–2.399***	–63.08***	–2.701***	–296893.7***
	(–3.00)	(–2.92)	(–2.67)	(–2.80)
sigma				
_cons		49.37***		202280.0***
		(39.63)		(30.79)
N	4390	4390	4390	4390

3.4 收入不确定影响住房需求的间接渠道

虽然收入不确定没有直接降低民间住房借款，但可能通过降低社会资本间接影响民间借款。社会网络越广的个体往往拥有更多的社会资本，因此接触网络成员的途径越多，获取信息咨询的机会越多，越可能增加购房贷款。[164]

表 3–9 第（1）列以节假日支出和红白喜事支出作为社会资本的代理变量，收入不确定对社会资本的回归系数为 –0.003，并在 5% 的水平下显著。收入不确定削弱了社会资本从而缩小了民间住房融资来源，这也与 CHFS 调查中住房借款大多来自父母和兄弟姐妹的事实相印证。表 3–9 第（2）列表明收入不确定对家庭风险态度的影响系数为 –0.04，且在 5% 的水平下显著，收入波动降低了城镇居民的风险倾向。周京奎（2013）[165] 使用 2000—2009 年间 4 个调查年度的 CHNS 数据，发现住宅价格风险对需求倾向和住宅价格具有负向影响。风险承担能力的降低将加剧家庭对住宅价格风险的敏感程度从而抑制购房需求。张川川等（2016）[166] 指出由于缺乏正常投资渠道，城市高收入家庭不得不将收入用于房地产投资或投机，从而增加了住房需求。由于 CHFS2013 样本所在省市数据大量缺失，无法得到各地区资本市场发展指标，无法了解收入波动大的家庭是否更多通过金融投资来保值增值，但我们可以利用家庭对经济金融知识的关注构造金融知识变量，金融知识越充分的家庭越不可能仅进行住房投资。表 3–9 第（3）列的回归结果表明，收入不确定对金融知识的影响系数为 0.008，且在 5%

的水平下显著，收入波动使得家庭增加了对经济金融知识的关注，因而更可能通过多种渠道投资从而削弱住房需求。

表 3–9 收入不确定与社会资本、风险态度、金融知识

	社会网络	风险偏好	金融知识
家庭收入对数	0.00197	–0.000734	0.010**
	(0.64)	(–0.19)	(1.66)
收入不确定	–0.003**	–0.004**	0.008**
	(–2.29)	(–2.24)	(1.82)
年龄	0.0178	–0.0108	–0.006***
	(1.57)	(–0.78)	(–3.42)
民族（汉）	–0.0207	0.118*	0.034
	(–0.40)	(1.84)	(0.57)
教育水平	0.0360***	0.0601***	0.086***
	(7.53)	(9.90)	(18.35)
健康	0.0413***	0.0667***	0.033***
	(3.69)	(4.79)	(2.60)
婚姻（已婚 =1）	0.174***	–0.162***	0.058
	(4.39)	(–3.35)	(1.25)
性别（男 =1）	–0.0349	0.200***	0.068**
	(–1.32)	(6.06)	(2.01)
工作类型	–0.0634*	–0.0565	0.007***
	(–1.84)	(–1.33)	(4.05)
老人数量	0.0619***	0.0483**	0.034
	(3.17)	(1.97)	(0.57)
儿童数量	0.0641***	–0.00857	–0.141***
	(2.81)	(–0.29)	(–5.07)
住房公积金	0.106***	0.0489	0.006**
	(3.14)	(1.17)	(0.97)

续　表

	社会网络	风险偏好	金融知识
年龄平方	−0.000187	−0.000165	0.010**
	(−1.41)	(−1.01)	(2.22)
_cons	−0.911***		
	(−3.64)		
sigma			
_cons	0.857***		
	(90.40)		
N	5285	5285	5285

4. 收入不确定与家庭资产配置的性别差异

考虑男女在面临不确定因素时的风险态度及行为表现不同，将全样本分为户主为男性和户主为女性的子样本，分别考虑在不同户主性别下收入不确定对家庭资产配置的影响。前面的回归结果显示收入不确定对储蓄和风险投资参与、住房投资、家庭工商业投资的影响与储蓄、风险投资、住房投资及家庭工商业投资比例具有一致性，故仅选取各项资产比例考察性别差异。表 3–10 为家庭资产配置的性别差异的实证的结果，第（1）、（2）列的回归结果显示，收入不确定对男性户主家庭储蓄比例没有显著影响，但是对女性户主家庭的储蓄比重影响为 0.011，显著水平为 1%。第（3）、（4）列回归结果显示收入不确定对男性户主家庭风险投资比例影响为 0.048，对女性户主家庭风险投资影响为 0.089，并均在 1% 水平上显著，收入不确定对女性户主家庭储蓄和风险投资的影响更大。第（5）、（6）

列回归结果显示，收入风险对男性户主家庭的住房投资没有显著影响，但是显著降低了女性户主家庭的住房投资比例，在收入风险冲击下，女性对投资较大的住房投资风险更加敏感，基于减少损失的考虑更容易减少大项投资支出。在面临收入风险时，女性有更高的储蓄、风险投资动机，但会降低住房投资动机。

表 3–10　家庭资产配置的性别差异

	(1) 储蓄率 男性户主	(2) 储蓄率 女性户主	(3) 风险投资比例 男性户主	(4) 风险投资比例 女性户主	(5) 住房投资比例 男性户主	(6) 住房投资比例 女性户主
家庭收入对数	0.008	0.036*	0.072***	0.003	0.003	0.011
	(0.44)	(1.80)	(2.95)	(0.09)	(0.19)	(0.61)
收入不确定	0.001	0.011***	0.048***	0.089***	0.001	−0.004**
	(0.66)	(3.93)	(3.12)	(3.01)	(0.48)	(−2.06)
年龄	0.002	0.143	0.002	0.085	−0.002	−0.072
	(3.42)	(1.79)	(2.08)	(0.15)	(−2.57)	(−0.91)
民族(汉)	−0.178	−0.143*	−1.999	−0.084	7.502	0.0730
	(−0.23)	(−1.79)	(−0.26)	(−0.15)	(0.45)	(0.92)
教育水平	0.049**	0.027	0.055**	0.116***	0.106***	0.009
	(2.37)	(1.06)	(2.19)	(3.21)	(5.67)	(0.38)
健康	0.003	0.004	0.010	0.018	0.007	0.022
	(0.12)	(0.17)	(0.43)	(0.63)	(0.38)	(0.95)
婚姻(已婚=1)	−0.004	0.004	0.004	0.005	−0.008	−0.007
	(−0.81)	(0.57)	(0.47)	(0.53)	(−1.54)	(−1.09)
性别(男=1)	−0.008	−0.011	0.003	0.011	0.007	0.004
	(−1.54)	(−1.55)	(0.42)	(1.18)	(1.49)	(0.64)
工作类型	0.003*	0.001	0.005	0.008*	−0.006***	−0.001
	(1.66)	(0.29)	(1.57)	(1.84)	(−3.30)	(−0.47)

续　表

	（1） 储蓄率 男性户主	（2） 储蓄率 女性户主	（3） 风险投资比例 男性户主	（4） 风险投资比例 女性户主	（5） 住房投资比例 男性户主	（6） 住房投资比例 女性户主
老人数量	0.008***	0.006***	0.004	–0.000	–0.005***	–0.005**
	(4.60)	(2.62)	(1.36)	(–0.09)	(–3.01)	(–2.44)
儿童数量	0.018***	0.001***	0.031***	0.041***	0.131***	0.135***
	(3.62)	(1.16)	(3.84)	(4.07)	(27.71)	(22.12)
住房公积金	0.048***	0.020*	0.044***	0.039**	0.076***	0.063***
	(5.50)	(1.89)	(3.58)	(2.54)	(9.74)	(6.79)
年龄平方	–0.009	–0.010	–0.011	0.023	0.017*	–0.005
	(–0.90)	(–0.75)	(–0.84)	(1.63)	(1.94)	(–0.45)
cons	–0.444***	–0.466***	–2.332***	–3.245***	–0.0177	–0.204*
	(–4.28)	(–3.47)	(–6.50)	(–5.18)	(–0.19)	(–1.77)
sigma						
_cons	0.271***	0.276***	0.159***	0.167***	0.272***	0.275***
	(49.51)	(38.60)	(13.72)	(14.03)	(69.06)	(54.16)
样本量	3887	725	3887	725	3887	725

第六章　实证结论和本篇小结

1. 实证结论

本篇通过 2013 年中国家庭金融调查数据，分别运用 logit、tobit 和 oprobit 回归模型检验了劳动收入、不确定风险与家庭资产选择的关系。关于收入不确定与家庭金融资产配置的实证结果表明：第一，家庭收入水平影响投资组合多样化。虽然劳动收入及不确定风险均显著促进了储蓄和风险资产参与，但是劳动收入对储蓄和风险资产参与的影响显著高于收入不确定风险，并且收入对仅储蓄和仅投资的影响并不显著，但是对二者均持有的影响系数为 0.120，且在 1% 的水平上显著；第二，我国家庭存在预防性储蓄动机。劳动收入及不确定风险均促进了储蓄和风险投资比重，并且当收入不确定增加时，储蓄比重增加更多，而当劳动收入增加时，风险资产投资比重增加更多，家庭为规避收入不确定风险会更倾向于储蓄。第三，我国家庭在风险资产投资中存在谨慎动机。因为收入及收入不确定风险对仅投资的影响不显著，但是对储蓄投资均持有的影响显著，这说明家庭即便进行风险资产投资，也并不倾向于将全部资产配置与风险资产，而出于谨慎考虑会选择和无风险资产组合投资；第四，收入不确定风险对家庭资产选择的影响存在地区差异。劳动收入显著促进中西部家庭投资组合多样化，而收入不确定风险显著促进东部家庭投资组合多样化；第五，劳动收入及不确定风险通过增加家庭金融知识及风险偏好而促进家庭储蓄和风险资产投资。关于收入不确定与家庭住房投资的实证结果表明，收入不确定显著降低了住房权属需求和住房面积，对比高收入家庭和一般家庭发现，收入不确定仅约束了一般家庭购房需求，而对高收入群体的住房需求没有影响；对影响机制的研究发现，收入不确定通过降低银行抵押贷款获得概率和金额直接影响住房需求，但收入不确定并没有直接影响民间借贷；间接影响渠道是收入不确定削弱了家庭社会网络资本、降低了其风险偏好并促使家庭增加了对经济金融的关注，从而减少了民间住房融资广度及深度、降低了对住房价格风险的承担能力及扩大了投资选择渠道，最终减少了住房需求。收入不确定对家庭资产配置的影响存在性别差异，收入不确定风险对男性户主家庭的储蓄和住房投资比例没有显著影响，但是显著增加了女性户主家庭的储蓄并降低了女性户主家庭的住房投资，收入不确定风险对男性户主和女性户主家庭的风险投资有显著影响，但对女性户主家庭的影响显著高于男性户主家庭。

2. 本篇小结

本篇引言部分介绍了我国家庭目前的资产配置状况，及研究背景。第一章对资产配置进行了简要介绍，包括资产配置的含义、资产配置类别和家庭可以用于投资的常见资产。第三章介绍了比较常见的资产配置理论，从基于风险的资产配置理论和基于效用的资产配置理论两个角度对资产配置理论进行了介绍。基于风险的资产配置理论包括 Markovitz 的均值—方差模型、半参数 LPM 模型及 VaR 模型，基于效用的资产配置理论从效用函数切入，具体介绍了 CRRA 效用模型、二次效用模型和冥效用模型，并简要分析了这些模型的优缺点。第四章介绍了关于家庭资产配置的相关文献，涉及家庭资产配置、家庭金融资产配置、家庭住房投资及家庭资产配置的性别差异，为后续的实证研究提供了比较全面而完善的理论借鉴。第五章为根据中国家庭金融调查数据对我国家庭在收入不确定风险下的资产配置状况进行的实证研究，详细论证了收入不确定风险对储蓄、风险资产投资及对投资组合状态的影响、并进一步论证了收入不确定影响金融资产投资组合的地区差异及影响机制，在分析收入不确定影响住房需求的基础上，进一步论证了收入不确定影响住房投资的贫富差异及产生影响的直接和间接渠道，最后分析了收入不确定影响金融资产投资及住宅投资的性别差异。

本研究结论对贯彻十八大“多渠道增加居民财产性收入”及促进金融市场发展具有一定实践指导意义。

第一，由于家庭收入影响资产多样化组合，因此应在“新常态”背景下应继续着力发展经济，扩大城镇居民就业及农业农村发展，并引导城乡居民合理创业，最大限度增加城乡家庭劳动收入。同时，应该加快个人所得税改革进程，探索以家庭为纳税单位的税收制度改革，提高劳动收入在国民收入分配中的比重，从而切实提高家庭可支配收入，这是实现家庭金融资产多样化的经济基础。政府应积极降低金融市场参与成本，鼓励更多低财富 、低收入家庭进入金融市场。在必要的时候可参考美国和日本的经验 ，通过提供多风险等级的社保基金方案等养老金集约管理办法 ，代替单个家庭进行风险投资，

第二，完善社会保障，增加转移支付在公共财政支出中的比重，降低收入不确定风险从而降低预防性储蓄。同时要做好社会保障体系的分级分类工作，以期利用社会保障更好的促进中低收入家庭的金融参与。预防性储蓄作为一种应对未来不确定的被动储蓄，会随着家庭收入风险、健康风险、养老及住房等背景风险的弱化而减少，从而将资金投于其他金融产品，因此完善的社会保障制度有助于家庭金融市场参与和资产分配多样化。

第三，针对目前风险投资者过于保守的问题，首先，Huberman（2001）[167] 发现投资者往往选择自己熟悉的领域投资，因此应优化金融产品结构，降低金融产品复杂程度便于投资者了解该产品，促使投资组合多样化；其次，规范金融投资从业人员的执业资格和执业行为，增加投资者信任，从而通过金融中介进行专业化投资操作，有利于提高金融参与广度与深度；最后，投资者的谨慎动机出于对金融市场管理的不信任，因此加强对金融市场信息披露管理、严厉打击内幕交易等不法

行为是推动家庭金融参与的必然之举。

第四，东部和中西部家庭在资产选择中的差异一方面可能反映了金融供给侧的差异，另一方面出于需求侧差异。因此，一方面要加强中西部区域的金融机构设置及金融产品宣传，增加中西部居民对金融产品的了解，提高金融可得性，尹志超等（2015）[130] 指出金融可得性提高对中西部家庭金融市场参与的边际效应更大。另一方面要加强中西部居民的金融教育，降低金融排斥。

第五，2018 年全国新房、二手房交易量与上一年度相比基本持平，并且开始转冷降温，但在 GDP 和财税收入双重考核压力下，很多地方政府仍将房地产作为支柱产业。根据 CHFS2013，位于城镇收入 80% 分位数以上的高收入家庭仅占全部样本家庭的 25%，75% 的普通家庭住宅需求均受到收入波动的制约，在需求不足的情况下盲目发展房地产业并非明智之举。受制于收入不确定风险，税收及贷款优惠政策并不能真正满足普通家庭的住房需求，反而为高收入家庭获取住房谋取了便利。因此一方面应为城镇家庭提供职业培训及就业辅导，并增强政策的透明度和可预见性，降低收入不确定因素，从而降低其信贷违约风险、增加社会资本及风险承担能力以推动其住房需求；另一方面政府有必要继续为城市低收入家庭提供住房保障并加强保障房监管。

第六，Pratt & Zeckhauser（1987）[111] 指出如果风险降低了财富的预期效用，则风险是不可取的，但如果风险提高了财富的预期边际效用，则风险需求会增加。当面临收入不确定风险时，家庭会重新分配风险较低的资产，从而使得家庭资产在储蓄、风险资产、住房资产及工商业投资间重新配置。因此从供给侧角度提供更多金融产品、规范房产交易市场，继续加大对家庭创业投资的政策支持和指导，使得家庭能够充分利用收入风险带来的机遇进行资产调整。收入风险对于不同户主性别的家庭影响不同，女性户主家庭对于收入风险更加敏感，因此提高女性人力资本，增加女性劳动力市场地位和收入，提高女性家庭地位和话语权，对于优化家庭资产结构具有重要作用。

第四篇

总结和结论

优化的资产结构不仅促进家庭财富积累，更在宏观意义上有利于缩小收入差距，发挥资产的消费平滑功能以实现跨期最优消费。与我国家庭资产变动趋势同步的是劳动力市场波动，2013—2015 年，城镇登记失业人口由 926 万人持续增长至 966 万人，城镇单位就业人员平均实际工资指数由 107.3 微涨至 108.5，并且上涨主要体现在国有部门，而城镇集体就业单位和其他单位分别由 112.2 和 108.2 跌至 107.4 和 106.2。如何合理配置金融资产、如何分配家庭储蓄和风险金融资产不仅关系到家庭收入增长，更关系到宏观经济的有效运营，尤其是在当前经济不确定、收入风险大量存在的情况下，如何实现最优资产配置关系到国家经济健康运行、家庭个人生活发展和幸福感。

第一篇主要介绍了收入不确定风险。其中，第一章介绍了收入不确定出现的背景，收入不确定是当今世界面临的共同趋势。对于我国而言，由于就业、医疗、教育等领域的市场化改革，使得人们的经济活动常常伴随着很强的不确定性，并增加了对未来的悲观预期，从而影响着居民的消费和投资行为。第二章对收入风险的含义进行了界定，收入风险是金融市场中存在的影响投资组合决策行为但不直接影响投资组合资产收益的风险。由于收入不确定风险一直是研究居民收入和居民消费、投资组合及生育决策等相关问题过程中不可或缺的重要变量，因此如何对收入不确定性进行科学、精确地测量成为分析和解决现实问题的关键环节。本章详细介绍了六类收入风险的度量方法及代表人物，对比了各种度量方法的特点后，我们发现收入的标准差和方差这一类指标反映的是群体间的差异程度，无法反映个体面临的独特的不确定性，而条件异方差及预期收入离差率则更适用于时间序列，由于本研究数据为截面数据，因此选择暂时性收入波动作为收入风险的代理变量。第三章在详细描述了收入过程和暂时性收入波动获取过程的基础上，由于控制变量和样本选择范围是着重考虑的内容，因此对国外研究所采用的数据库、样本选择及控制变量进行了归纳和总结。最后，结合本书实证研究目的，对实证样本及数据进行了介绍。

第二篇介绍了收入不确定下的消费—储蓄分配行为。第一章对收入不确定下的消费与储蓄背景进行了介绍。随着中国经济改革的不断深化，居民的消费行为发生较大的变化。20 世纪 90 年代中后期以来，消费与现期收入之间出现了较大的偏离，其表现就是平均消费倾向持续下滑，呈现“消费需求之谜”。“绝对收入理论”“持久收入理论”和“生命周期理论”显然已经无法很好地解释这种突然出现的、持续时间较长的消费倾向持续大幅度下降的现象。随着 90 年代中期以来各项改革措施的实施，城镇失业下岗人数的增加、医保制度的变迁、预期教育支出的增长、住房制度的改革及养老方式的变化等经济转型特征，及信贷与保险市场的欠发达等经济发展因素对居民消费行为的影响。使得个体现期和预期支出均大幅增加，产生了预防性储蓄行为。因此不确定因素很好地解释了当前的消费—储蓄行为，而在影响消费储蓄分配的各种不确定因素中，收入不确定是最根本的因素。第二章介绍了消费—储蓄理论的发展历程，并具体介绍了预防性储蓄理论相关模型，包括 Zeldes 储蓄模型、Caballero 预防性储蓄模型和 Dynan 预防性储蓄模型。第三章介绍了消费函数。包括消费函数的特征和性质、凯恩斯消费函数以及推广到一般形式的消费函数。第四章在理论指导下，对国内外有关预防性储蓄的实证研究进行了介绍，虽然研究结论总体上均支持收入不确定增加了预防性储蓄，降低了消费支出，但文章所用数据不同、实证方法不同、研究侧重点不同，因而第五章利用中国家庭金融调查数据对中国家庭的消费—储蓄行为进行了补充。文章实证研究了收入不确定与储蓄的关系及城乡差异，并将收入区分为财产性、工资性、经营性、转移性收入，分别研究不同来源收入对消费—储蓄行为的影响。

第三篇研究了收入不确定下的家庭金融资产投资和住宅投资。第一章引言部分介绍了我国家庭目前的资产配置状况及研究背景。第二章对资产配置进行了简要介绍，包括资产配置的含义、资产配置类别和家庭可以用于投资的常见资产。第三章介绍了比较常见的资产配置理论，从基于风险的资产配置理论和基于效用的资产配置理论两个角度对资产配置理论进行了介绍。基于风险的资产配置理论包括 Markvitz 的均值—方差模型、半参数 LPM 模型及 VaR 模型，基于效用的资产配置理论从效用函数切入，具体介绍了CRRA效用模型、二次效用模型和幂效用模型，并简要分析了这些模型的优缺点。第四章介绍了关于家庭资产配置的相关文献，涉及家庭资产配置、家庭金融资产配置、家庭住房投资及家庭资产配置的性别差异，为后续的实证研究提供了比较全面而完善的理论借鉴。第五章为根据中国家庭金融调查数据对我国家庭在收入不确定风险下的资产配置状况进行的实证研究，详细论证了收入不确定风险对储蓄、风险资产投资及对投资组合状态的影响，并进一步论证了收入不确定影响金融资产投资组合的地区差异及影响机制，在分析收入不确定影响住房需求的基础上，进一步论证了收入不确定影响住房投资的贫富差异及产生影响的直接和间接渠道，最后分析了收入不确定影响金融资产投资及住宅投资的性别差异。

通过对我国家庭资产配置情况的实证研究，我们发现收入不确定确实促进了家庭预防性储蓄，并且除财产性收入不确定外，工资性、经营性、转移性收入不确定均抑制了消费，增加了预防性储蓄，但收入不确定对农村居民预防性储蓄的影响并不显著。而从家庭金融资产组合结构角度看也证实了预防性储蓄的存在，当收入不确定增加时，储蓄比重增加更多，而当劳动收入增加时，风险资产投资比重增加更多，家庭为规避收入不确定风险会更倾向于储蓄。并且我国家庭即便进行风险资产投资，也并不倾向于将全部资产配置与风险资产，而出于谨慎考虑会选择和无风险资产组合投资。收入不确定风险对家庭资产选择的影响存在地区差异，中西部家庭投资组合多样化是受收入水平驱动，而东部家庭则主要受不确定风险驱动。收入不确定显著降低了住房权属需求和住房面积，对比高收入家庭和一般家庭发现，收入不确定仅约束了一般家庭购房需求，而对高收入群体的住房需求没有影响；对影响机制的研究发现，收入不确定通过降低银行抵押贷款获得概率和金额直接影响住房需求，但收入不确定并没有直接影响民间借贷；间接影响渠道是收入不确定削弱了家庭社会网络资本、降低了其风险偏好并促使家庭增加了对经济金融的关注，从而减少了民间住房融资广度及深度、降低了对住房价格风险的承担能力及扩大了投资选择渠道，最终减少了住房需求。收入不确定对家庭资产配置的影响存在性别差异，收入不确定风险对男性户主家庭的储蓄和住房投资比例没有显著影响，但是显著增加了女性户主家庭的储蓄并降低了女性户主家庭的住房投资，收入不确定风险对男性户主和女性户主家庭的风险投资有显著影响，但对女性户主家庭的影响显著高于男性户主家庭。

基于实证研究结论，提出了通过增强政策的透明度和可预见性，降低收入不确定因素；扩大居民收入，扩宽居民收入来源，拓展居民收入渠道增强其未来确定性预期；完善社会保障制度，稳定消费预期；转变消费观念，完善消费信贷市场；完善金融市场，促进金融产品创新，减轻流动性约束以增加消费的政策建议。同时也提出应在“新常态”背景下应继续着力发展经济，扩大城镇居民就业及农业农村发展，并引导城乡居民合理创业，最大限度增加城乡家庭劳动收入；加快个人所得税改革进程，探索以家庭为纳税单位的税收制度改革，提高劳动收入在国民收入分配中的比重，从而切实提高家庭可支配收入；降低金融市场参与成本，鼓励更多低财富、低收入家庭进入金融市场；完善社会保障，增加转移支付在公共财政支出中的比重，降低收入不确定风险从而降低预防性储蓄，实现家庭资产配置多元化。针对目前风险投资者过于保守的问题，文章提出优化金融产品结构，降低金融产品复杂程度便于投资者了解该产品，促使投资组合多样化；规范金融投资从业人员的执业资格和执业行为，增加投资者信任，从而通过金融中介进行专业化投资操作，有利于提高金融参与广度与深度；加强对金融市场信息披露管理、严厉打击内幕交易等不法行为是推动家庭金融参与的必然之举。而针对家庭资产配置的地区差异，一方面要加强中西部区域的金融机构设置及金融产品宣传，增加中西部居民对金融产品的了解，提高金融可得性；另一方面要加强中西部居民的金融教育，降低金融排斥。关于收入不确定与住宅投资，指出受制于收入不确定风险，税收及贷款优惠政策并不能真正满足普通家庭的住房需求，反而为高收入家庭获取住房谋取了便利。因此一方面应为城镇家庭提供职业培训及就业辅导，并增强政策的透明度和可预见性，降低收入不确定因素，从而降低其信贷违约风险、增加社会资本及风险承担能力以推动其住房需求；另一方面政府有必要继续为城市低收入家庭提供住房保障并加强保障房监管。由于收入风险对于不同户主性别的家庭影响不同，女性户主家庭对于收入风险更加敏感，因此提高女性人力资本、增加女性劳动力市场地位和收入、提高女性家庭地位和话语权，对于优化家庭资产结构具有重要作用。

参考文献

[1] Markowitz H. Portfolio selection[J]. Journal of Finance, 1952, 7(1), 77-91.

[2] Campbell J Y. Household finance[J]. Journal of Finance , 2006, 61(4), 1553-1604.

[3] 李凤，罗建东，路晓蒙，邓博夫，甘犁．中国家庭资产状况、变动趋势及其影响因素 [J]. 管理世界，2016(2):45-56.

[4] 路晓蒙，李阳，甘犁，王香．中国家庭金融投资组合的风险——过于保守还是过于冒进？ [J]. 管理世界，2017(12): 92-108.

[5] Campbell J Y and Viceira L M, Strategic Asset Allocation: Portfolio Choice for Long-Term Investors[M], Oxford University Press, 2002.

[6] 周京奎．收入不确定性、住宅权属选择与住宅特征需求——以家庭类型差异为视角的理论与实证分析 [J]. 经济学季刊，2011, 10（4):1459-1498.

[7] 张锦华，杨晖，沈亚芳，韩阳．不确定性对城乡家庭教育支出倾向的影响研究 [J]. 复旦教育论坛，2014，12 (6):83-88.

[8] 徐巧玲．劳动收入、不确定风险与家庭金融资产选择 [J]. 云南财经大学学报，2019(5): 75-86.

[9] Friedman M. A Theory of the Consumption Function[M].

Princeton University Press. 1957.

[10] Haurin D, Gill L. Effects of income variability on the demand for owner-occupied housing[J]. Journal of Urban Economics, 1987，22(2): 136-150.

[11] Vignoli, D., Drefahl, S., De Santis G. Whose job instability affects the likelihood of becoming a parent in Italy? A tale of two partners[J]. Demographic Research, 2012(26): 41-62.

[12] 杭斌，郭香俊 . 基于习惯形成的预防性储蓄——中国城镇居民消费行为的实证分析 [J]. 统计研究 , 2009(3): 38-43.

[13] 周京奎 . 收入不确定性、公积金约束与住房消费福利——基于中国城市住户调查数据的实证分析 [J]. 数量经济技术经济研究 , 2012(9):95-110.

[14] Blundell, R.，Preston, I. Consumption Inequality and Income Uncertainty[J]. Quarterly Journal of Economics, 1998, 113(2):603-640.

[15] 王永中 . 收入不确定、股票市场与中国居民货币需求 [J]. 世界经济，2009(1):26-39.

[16] 孙凤，王玉华 . 中国居民消费行为研究 [J]. 统计研究 , 2001(4): 24-30.

[17] 杨明基，陶君道，蒋润祥，景文宏 . 基于收入、价格、资产、利率和不确定性的城镇居民消费分析研究——以甘肃为例金融研究 [J]. Journal of Financial Research, 2008(7): 55-65.

[18] 刘兆博，马树才 . 基于微观面板数据的中国农民预防性储

蓄研究 [J]. 世界经济 , 2007(2):40-49.

[19] Hondroyiannis, G, . Fertility Determinants and Economic Uncertainty: An Assessment Using European Panel Data[J]. Journal of Family and Economic Issues, 2010，31(1):33-50.

[20] 郭志仪 , 毛慧晓 . 制度变迁、不确定性与城镇居民消费——基于预防性储蓄理论的分析 [J]. 经济经纬，2009(5): 9-13.

[21] 王芳 . 不确定性因素对我国农村居民现金消费支出的影响分析 [J]. 数理统计与管理，2006, 25(4):379-385.

[22] Guiso L. Earning Uncertainty and Precautionary Saving[J]. Journal of Monetary Economics，1992, 30(2):307-337.

[23] Hanappi D., Ryser VA., Bernardi L., Goff JML. Changes in Employment Uncertainty and the Fertility Intention-Realization Link: An Analysis Based on the Swiss Household Panel[J]. European Journal of Population, 2017，33 (3) :381-407.

[24] 朱信凯 . 流动性约束、不确定性与中国农户消费行为分析［J］. 统计研究，2005(2) :38-42.

[25] 李斌，王阳 . 收入不确定性、风险应对机制与农户生产经营决策——川东北传统粮区的实证 [J]. 江西社会科学，2011(11)：92-97.

[26] Kreyenfeld M.Economic Uncertainty and Fertility Postponement Evidence from German Panel Data , MPIDR WORKING PAPER WP 2005-034 NOVEMBER, 2005.

[27] 臧旭恒，裴春霞．预防性储蓄、流动性约束与中国居民消费计量分析 [J]. 经济学动态 , 2004(12): 28-31.

[28] 王健宇．收入不确定性的测算方法研究 [J]. 统计研究，2010(9): 58-64.

[29] Robst J, Deitz R, McGoldrick K. Income Variability, Uncertainty and Housing Tenure Choice[J]. Regional Science and Urban Economics, 1999, 29(2):219-229.

[30] Diaz-Serrano L. Income Volatility and Residential Mortgage Delinquency Across the EU[J]. Journal of Housing Economics, 2005，14(3):153-177.

[31] 罗楚亮．经济转轨、不确定性与城镇居民消费行为 [J]. 经济研究，2004(4):100-106.

[32] 徐巧玲．收入不确定与生育意愿——基于阶层流动的调节效应 [J]. 经济与管理研究 , 2019(5):61-73.

[33] 宋明月．不确定性、居民家庭储蓄与消费行为研究 [D]. 山东大学，2016.

[34] 胡德宝．中国城镇居民的消费行为及储蓄动机研究 [J]. 中国软科学 , 2012(10):1-8.

[35] 任太增．收入支出不确定性与中国消费需求之谜 [J]. 中州学刊 , 2004(2):27-30.

[36] Drèze J, Modigliani F. Consumption decisions under uncertainty[J]. Journal of Economic Theory, 1972, 5(3): 308-335.

[37] Kimball M. Precautionary Savings in the Small and in the Large[J]. Econometrica, 1990, 58(1):53-73.

[38] Caballero R. Consumption Puzzles and Precautionary Savings[J]. Journal of Monetary Economics, 1990 , 25(1): 113-136.

[39] Zeldes S P. Consumption and Liquidity Constraints: An Empirical Investigation[J]. Journal of Political Economy, 1989, 97(2) : 305-346.

[40] Hall R E. Stochastic Implications of the Life Cycle Permanent Income Hypothesis: Theory and Evidence[J]. Journal of Political Economy, 1978, 86(6):971-987.

[41] Leland H. Saving and Uncertainty: The Precautionary Demand for Saving[J]. The Quarterly Journal of Economics, 1968, 82(3) : 465-473.

[42] Caballero, R. Earnings Uncertainty and Aggregate Wealth Accumulation[J]. American Economic Review , 1991 , 81(4): 859-871.

[43] Dynan E K. How Prudent are Consumers?[J]. The Journal of Political Economy, 1993，101(6) : 1104-1113.

[44] 何平，谢介仁．中国家庭收入—消费关系研究 [J]. 经济学动态，2009(7): 32-35.

[45] Carroll C D. The Buffer-stock Theory of Savings: Some Macro-economic Evidence[J].Brooking Papers on Economic

Activity, 1992(2):61-156.

[46] Dardanoni V. Precautionary Savings under Income Uncertainty: A Cross-Sectional Analysis[J]. Applied Economics , 1991, 23(1):153-60.

[47] Hahm J, Steigerwald D. Consumption Adjustment under Time-Varying Income Uncertainty[J]. The Review of Economics and Statistics, 1999, 81(1): 32-40.

[48] Sandmo A. The Effect of Uncertainty on Saving Decisions[J]. The Review of Economic Studies, 1970, 37(3) : 353-360.

[49] Skinner J. Risk Income, Life Cycle Consumption, and Precautionary Savings[J]. Journal of Monetary Economics, 1988, 22(2) : 237-255.

[50] Carrol & Samwick. The Nature of Precautionary Wealth[J]. Journal of Monetary Economics, 1997, 40(1) : 41-71.

[51] Flavin M . The Adjustment of Consumption to Changing Expectations about Future Income[J]. Journa l of Political Economy , 1981 , 89(5): 974-1009.

[52] Campbell J, Deaton A. Why is Consumption So Smooth?[J]. Review of Economic Studies, 1989, 56(3):357-73.

[53] Jianakoplosa NA, Menchikb PL, Irvine FO. Saving behavior of older households: Rate-of-return, precautionary and inheritance effects[J]. Economics Letters, 1996, 50(1):111-120.

[54] Carroll C. How Does Future Income AffectConsumption?[J]

Quarterly Journal of Economics, 1994, 109(1): 111-147.

[55] Kazarosian M. Precautionary Savings-A Panel Study[J]. Review of Economics and Statistics , 1997，79(2):241-247.

[56] Deaton A S . Saving and Liquidity Constraints[J]. Econometrica , 1991, 59(5): 221-48.

[57] 宋铮 . 中国居民储蓄行为研究 [J]. 金融研究 , 1999(6): 46-49.

[58] 沈坤荣，谢勇 . 不确定性与中国城镇居民储蓄率的实证研究 [J]. 金融研究 , 2012(3):1-13.

[59] 王克稳，李敬强，徐会奇 . 不确定性对中国农村居民消费行为的影响研究——消费不确定性和收入不确定性的双重视角 [J]. 经济科学 , 2013(5): 88-96.

[60] 刘灵芝，潘瑶，王雅鹏 . 不确定性因素对农村居民消费的影响分析——兼对湖北省农村居民的实证检验 [J]. 农业技术经济 , 2011(12): 61-69.

[61] 陈冲 . 收入不确定性、前景理论与农村居民消费行为 [J]. 农业技术经济，2014(10)：67-76.

[62] 徐巧玲 . 公共卫生资源配置与社会信任：兼论分级诊疗的基础 [J]. 中国卫生经济，2018(7)：45-50.

[63] 陈志武 . 长期投资者资产配置决策理论及应用研究 [D]. 上海交通大学 , 2003.

[64] 李俊 . 家庭资产配置研究 [D]. 云南财经大学 , 2010.

[65] Sharpe W F. Integrated Asset Allocation[J]. Financial Analysts

Journal, 1987，43(5): 25-32.

[66] Brennan Schwartz, Lagnado. Strategic Asset Allocation[J], Journal of Economic Dynamics and Control, 1997，21(8): 1377-1403.

[67] Campbell J Y , Viceira L M. Strategic Asset Allocation: Portfolio Choice for Long-Term Investors[M], Oxford University Press, 2002.

[68] Perold A F, Sharpe W F. Dynamic Strategies for Asset Allocation[J]. Financial Analysis Journal, 1988, 44(1): 16-27.

[69] Mankiw N, Weil D, Canner N . An Asset Allocation Puzzle[J]. American Economic Review, 1997，87(1): 181-191.

[70] 吴世农，陈斌 . 风险度量方法与金融资产配置模型的理论和实证研究 [J]. 经济研究，1999(9)：30-38.

[71] Markowitz H. M. The optimization of a quadratic function subject to linear constraints[J]. Naval Research Logistics Quarterly, 1956，3(1):111-133.

[72] Fama E F, Multiperiod consumption-investment decisions[J]. American Economic Review, 1970, 60(1):163-174 .

[73] Kahneman D, Tversky A. Prospect Theory: An Analysis of Decision under Risk[J]. Econometrica, 1979，47(2): 263-292.

[74] Harlow W V. Asset Allocation in a Downside Risk Framework[J]. Financial Analysts Journal, 1991，47(5):28-40.

[75] 姚京，袁子甲，李仲飞 . 基于相对 VaR 的资产配置和资本

资产定价模型 [J]. 数量经济技术经济研究 , 2005(12): 133-142.

[76] 刘洋，曾令波，韩燕 . 战略性资产配置的理论基础：比较与综合 [J]. 经济评论 , 2007(3): 79-83.

[77] Von Neumann J , O Morgenstan. Theory of Games and Economic Behavior[M]. New Jersey: Princeton University Press, 1944.

[78] Ingersoll Jonathan E J. Theory of Financial Decision Making[M]. Totowa: Rowman & Littlefield, 1987.

[79] Green, Jerry, Michael W, Andreu. Microeconomic Theory[M]. New York: Oxford University Press, 1995.

[80] Gollier, The Economics of Risk and Time[M], Cambridge: MIT Press, 2001.

[81] Mehra R, Prescott E. The Equity Premium: A Puzzle[J]. Journal of Monetary Economics, 1985, 15(2):145-161.

[82] Brandt M W. Estimating portfolio and consumption choice:a conditional Euler equations approach[J].Journal of Finance, 1999, 54(5): 1609-1645.

[83] Sahalia Y , Brandt M W. Variable Selection for Portfolio Choice[J]. Journal of Finance, 2001, 56(4): 1297-1351.

[84] Barberis N. Investing for the long run when returns are predictable[J]. Journal of Finance, 2000，55(1): 225-264.

[85] Munk C. The Markov Chain Approximation Approach

for Numerical Solution of Stochastic Control Problems: Experiences from Merton's Problem[J]. Applied Mathematics and Computation, 2003, 136(1): 47-77.

[86] Kimball M S. Standard Risk Aversion[J].Econometrica, 1993, 61(3): 589-611.

[87] Gollier C, Pratt J . Risk Vulnerability and the Tempering Effect of Background Risk[J]. Econometrica, 1996, 64(5):1109-1123.

[88] Arrondel L, Masson A. Stockholding in France[C]. Stockholding in Europe. Guiso L, Haliassos M and Jappelli T. New york: 2003: 75-109.

[89] Arrondel L, Lollivier S. Transaction Costs, Income Risk and Household Portfolio Allocation:Evidence from French Panel Data[J]. Delta Working Papers ，2004，46 (8) :765-80.

[90] 王琎，吴卫星．婚姻对家庭风险资产选择的影响 [J]. 南开经济研究，2014(3): 100-112.

[91] 吴卫星，荣苹果，徐芊．健康与家庭资产选择 [J]. 经济研究，2011, 增 (1):43-54.

[92] 吴卫星，李雅君．家庭结构和金融资产配置——基于微观调查数据的实证研究 [J]. 华中科技大学学报，2016, 30(2): 57-66.

[93] 潘虎．人力资本在家庭财富增长中的运用 [J]. 学术交流，2010, 191(2)：139-142.

[94] 李昂，廖俊平．社会养老保险与我国城镇家庭风险金融资

产配置行为 [J]. 中国社会科学院研究生院学报 , 2016(6):40-50.

[95] 陈莹 , 武志伟 , 顾鹏 . 家庭生命周期与背景风险对家庭资产配置的影响 [J]. 吉林大学社会科学学报 , 2014, 54(5):73-80.

[96] 胡振 , 臧日宏 . 收入风险、金融教育与家庭金融市场参与 [J]. 统计研究 , 2016, 33(12):67-73.

[97] 张兵，吴鹏飞 . 收入不确定性对家庭金融资产选择的影响——基于 CHFS 数据的经验分析 [J]. 金融与经济，2016(5):28-33.

[98] Hochguertel S, Alessie R , van Soest A. Saving Accounts versus Stocks and Bonds in Household Portfolio Allocation[J]. The Scandinavian Journal of Economics, 1997, 99(1):81-97.

[99] Yunker J, Melkumian A. The Effect of Capital Wealth on Optimal Diversification: Evidence from the Survey of Consumer Finances[J]. The Quarterly Review of Economics and Finance, 2010, 50(1): 90-98.

[100] Guiso L，Sapienza P，Zingales L.Trusting the Stock Market[J]. The Journal of Finance, 2008, 63(6):2557-2600.

[101] 董俊华，席秉璐，吴卫星 . 信任与家庭股票资产配置——基于居民家庭微观调查数据的实证分析 [J]. 江西社会科学 , 2013(7): 60-65.

[102] 孟亦佳 . 认知能力与家庭资产选择 [J]. 经济研究，2014(S1): 132-142.

[103] 罗靳雯，彭湃.教育水平、认知能力和金融投资收益——来自 CHFS 的证据 [J]. 教育与经济 , 2016(6): 77-85.

[104] 肖忠意，赵鹏，周雅玲.主观幸福感与农户家庭金融资产选择的实证研究 [J]. 中央财经大学学报 , 2018(2): 38-52.

[105] 肖作平，张欣哲.制度和人力资本对家庭金融市场参与的影响研究——来自中国民营企业家的调查数据 [J]. 经济研究 , 2012(S1): 91-104.

[106] Campbell, John Y., YeungLewis Chan, Luis M. Viceira. A multivariate model of strategic asset allocation[J].Journal of Financial Economics, 2003, 67(1): 41-80.

[107] Gomes F, Michaelides A. Optimal Life-Cycle Asset Allocation: Understanding the Empirical Evidence[J].The Journal of Finance, 2005, 60(2):869-904.

[108] Kelly M. All their eggs in one basket: Portfolio diversification of US households[J]. Journal of Economic Behavior & Organization, 1995, 27(1):87-96.

[109] Bertaut C, Haliassos M. Precautionary Portfolio Behavior from A Life-cycle Perspective[J]. Journal of Economic Dynamics and Control, 1997, 21(8): 1511-1542.

[110] Koo HK. Consumption and portfolio selection with labor income: A discrete-time approach[J]. Mathematical Methods of Operational Research , 1999, 50(2):219-243.

[111] Pratt J W, Zeckhauser R J. Proper Risk Aversion[J],

Econometrica, 1987, 55(1): 143-154.

[112] Samuelson P A. Lifetime Portfolio Selection by Dynamic Stochastic Programming[J]. Review of Economics and Statistics, 1969, 51(3):239-246.

[113] Merton R. Lifetime Portfolio Selection Under Uncertainty: The Continuous-Time Case[J]. Review of Economics and Statistics , 1969 , 51(3):247-57.

[114] Merton R. Optimum Consumption and Portfolio Rules in A Continuous-time Model[J]. Journal of Economic Theory, 1971, 3(4):373-413.

[115] Bodie Z, Merton R C, Samuelson W F. Labor Supply Flexibility and Portfolio Choice in a Life Cycle Model[J], Journal of Economic Dynamics and Control, 1992, 16(3):427-449.

[116] Heaton J, Lucas D. Evaluating the Effects of Incomplete Markets on Risk Sharing and Asset Pricing[J]. Journal of Political Economy, 1996, 104(3): 443-487.

[117] Heaton J, Lucas D. Portfolio Choice and Asset Prices: The Importance of Entrepreneurial Risk[J]. The Journal of Finance, 2000, 55(3):1163-1198.

[118] Cocco J F, Gomes FJ, Maenhout PJ. Consumption and Portfolio Choice over the Life Cycle[J]. The Review of Financial Studies, 2005, 18(2):491-533.

[119] Viceira L M, Optimal Portfolio Choice for Long-Horizon Investors with Nontradable Labor Income[J], Journal of Finance, 2001, 56: 433-470.

[120] Letendre M, Smith G. Precautionary saving and portfolio allocation: DP by GMM[J].Journal of Monetary Economics, 2001, 48(1):197-215.

[121] Guiso L, Jappelli T，Terilizzesse D. Income Risk, Borrowing Constraints and Portfolio Choice[J].American Economic Review, 1996, 86(1):158-172.

[122] Heaton J, Lucas D. Portfolio Choice in the Presence of Background Risk[J]. The Economic Journal, 2000, 110(460):1-26.

[123] Calvet L E，Campbell J Y，Sodini P. Down or Out: Assessing the Welfare Costs of Household Investment Mistakes[J].Journal of Political Economy, 2007, 115(5): 707-747.

[124] Mankiw N G, Zeldes S. The Consumption of Stockholders and Non-stockholders[J]. Journal of Financial Economics , 1991, 29(1):97-112.

[125] Haliassos M，Bertaut C. Why Do So Few Hold Stocks?[J]. Economic Journal, 1995, 105(432): 1110-1129.

[126] Merton R C. A Simple Model of Capital Market Equilibrium with Incomplete Information[J]. Journal of Finance, 1987,

42(3): 483-510.

[127] Vissing-Jorgensen A. Limited Asset Market Participation and the Elasticity of Intertemporal Substitution[J]. Journal of Political Economy，2002, 110(3):825-853.

[128] Faig M，Shum P. Portfolio Choice in the Presence of Personal Illiquid Projects[J]. The Journal of Finance, 2002, 57(1):303-328.

[129] Barasinska N, Schäfer D, Stephan A. Individual Risk Attitudes and the Composition of Financial Portfolios: Evidence from German Household Portfolios[J].The Quarterly Review of Economics and Finance, 2.

[130] 郭士祺，梁平汉．社会互动、信息渠道与家庭股市参与——基于2011年中国家庭金融调查的实证研究[J].经济研究,2014(S1): 116-131.

[131] 尹志超，吴雨，甘犁．金融可得性、金融市场参与和家庭资产选择[J]经济研究,2015(3):88-99.

[132] Elmendorf D W, Kimball M S. Taxation of Labor Income and the Demand for Risky Assets[J]. International Economic Review, 2000(41):801-832.

[133] Souleles N.The Response of Household Consumption to Income Tax Refunds[J].American Economic Review 1999, 89(4):947-958.

[134] Luis D. On the Negative Relationship between Labor Income

Uncertainty and Homeownership: Risk-aversion vs. Credit Constraints[J]. Journal of Housing Economics, 2005, 14(2):109-126.

[135] GUISO L, JAPPELLI T. Background Uncertainty and the Demand for Insurance Against Insurable Risks[J].The Geneva Papers on Risk and Insurance Theory, 1998，23(1): 7-27.

[136] Alessie R, Hochguertel S，Soest A. Household Portfolios in The Netherlands[C]//Guiso L, Haliassos M, Japelli T. Household Portfolios, Cambridge: MIT Press, 2002:341-388.

[137] 陈琪，刘卫. 健康支出对居民资产选择行为的影响——基于同质性与异质性争论的探讨 [J]. 上海经济研究，2014(6): 111-118.

[138] Gouriéroux C, Monfort A, Renault E，Alain T. Simulated Residuals[J]. Journal of Econometrics, 1987, 34:(1) : 201-252.

[139] 徐巧玲. 收入不平等、物质渴求与创业非理性——基于物质渴求的遮掩效应与调节效应 [J]. 经济经纬，2019(3):126-133.

[140] 周广肃，樊纲，李力行. 收入差距、物质渴求与家庭风险金融资产投资 [J]. 世界经济，2018(4):53-74.

[141] 张路，龚刚，李江一. 移民、户籍与城市家庭住房拥有率——基于 CHFS2013 微观数据的研究 [J]. 南开经济研究，2016(4)：115-135.

[142] 邓江年，郭沐蓉．居住分层与农民工留城意愿：来自珠三角的证据 [J]. 南方经济 , 2016(9):122-132.

[143] Fisher J, Gervais M. Why Has Home Ownership Fallen Among the Young?[J]. International Economic Review, 2011, 52(3):883-912.

[144] 李斌，蒋娟娟，张所地．丈母娘经济：婚姻匹配竞争对住房市场的非线性冲击 [J]. 现代财经 , 2018(12):72-81.

[145] Goodman A. Demographics of Individual Housing Demand[J].Regional Science and Urban Economics, 1990, 20(1):83-102.

[146] Dynarski M, Sheffrin S. Housing Purchases and Transitory Income: A Study with Panel Data[J]. Review of Economics and Statistics, 1985，67(2):195-204.

[147] Gathergood J. Unemployment Risk, House Price Risk and the Transition into Home Ownership in the United Kingdom[J]. Journal of Housing Economics, 2011，20(3):200-209.

[148] Turnbull G., Glascock J., Sirmans C. Uncertain Income and Housing Price and Location Choice[J]. Journal of Regional Science, 1991, 31(4): 417-433.

[149] Ortalo-Magne R., Rady S. Housing Market Dynamics: on the Contribution of Income Shocks and Credit Constraints[J]. The Review of Economic Studies, 2006, 73(2): 459-485.

[150] Haurin D. Income Variability, Homeownership and Housing

Demand[J]. Journal of Housing Economics, 1991, 1(1):60-74.

[151] Yao R., Zhang H. Optimal Consumption and Portfolio Choices with Risky Housing and Borrowing Constraints[J]. Review of Financial Studies, 2005(2):197-239.

[152] Diaz-Serrano L. On the Negative Relationship Between Labor Income Uncertainty and Homeownership: Risk-aversion vs. Credit Constraints[J]. Journal of Housing Economics, 2005, 14(2):109-126.

[153] Barsky R. B., Juster F. T., Kimball M. S., Shapiro M. D. Preference Parameters and Behavioral Heterogeneity: An Experimental Approach in the Health and Retirement Study[J]. Quarterly Journal of Economics, 1997, 112(2):537-579.

[154] Sunden A, Surette B. Gender Differences in the Allocation of Assets in Retirement Savings Plans[J].The American Economic Review, 1998, 88(2):207-211.

[155] Loewenstein, G F. et al. Risk as Feelings[J]. Psychological Bulletin, 2001, 127(2): 267-286.

[156] Grossman M, Wood W. Sex Differences in Intensity of Emotional Experience: A Social Role Interpretation[J].Journal of Personality and Social Psychology, 1993, 65(5):1010-1022.

[157] Lerner J S, Gonzalez R M, Small D A, Fischhoff B. Effects of Fear and Anger on Perceived Risks of Terrorism: A National

Field Experiment[J]. Psychological Science, 2003, 14(2): 144-150.

[158] Niederle M, Vesterlund L. Do Women Shy away from Competition? Do Men Compete Too Much?[J].Quarterly Journal of Economics, 2007, 122(3): 1067-1101.

[159] Arch E. Risk taking: A Motivational Basis for Sex Differences[J]. Psychological Reports, 1993, 73 (l), 3-11.

[160] Jenny S. Self-Directed Pensions: Gender, Risk and Portfolio Choices[J].Scandinavian Journal of Economics, 2012, 114(3):2012705-728.

[161] 尹志超，宋全云，吴雨 . 金融知识、投资经验与家庭资产选择 [J]. 经济研究 , 2014(4)62-75.

[162] Yesuf M, Bluffstone R A. Poverty, Risk Aversion, and Path Dependence in Low-Income Countries: Experimental Evidence from Ethiopia[J]. American Journal of Agricultural Economics , 2009 , 91 (4) :1022-1037.

[163] 何平，高杰，张锐 . 家庭欲望、脆弱性与收入—消费关系研究 [J]. 经济研究 , 2010(10):78-89.

[164] 徐巧玲 . 社会网络与就医选择的城乡差异 [J]. 经营与管理，2019(7)：150-153.

[165] 周京奎 . 住宅市场风险、需求倾向与住宅价格波动——一个理论与实证分析 [J]. 经济学季刊，2013, 12(4)1321-1346.

[166] 张川川，贾珅，杨汝岱．“鬼城”下的蜗居：收入不平等与房地产泡沫 [J]. 世界经济，2016(2)：120-141.

[167] Huberman G. Familiarity Breeds Investment[J].Review of Financial Studies, 2001, 14(3):659-680.